工程实践系列丛书

电气工程与电子工艺实践教程

毛书凡 主编
宗晓宁 董 超 刘 皓 参编

内容提要

针对目前高等工科院校工程实践教学的要求，为满足理工科学生电气工程与电子工艺实践课程的需要，特编写了本书。

全书共分六章，前四章为电气工程实践基础知识，介绍了工程标准和安全维护技术等内容；第五章介绍了现代电子工艺的相关知识；第六章为实习与训练指导。

本书体现了现代高等工程实践教育思想和大工程教育要求，理论联系实践。本书可作为高等理工院校实践教材，亦可作为相关专业的技术参考书。

图书在版编目(CIP)数据

电气工程与电子工艺实践教程/毛书凡主编. —天津：天津大学出版社，2008.8 (2017.1重印)
ISBN 978-7-5618-2688-1

Ⅰ.电… Ⅱ.毛… Ⅲ.①电气工程－高等学校－教学参考资料②电子技术－高等学校－教学参考资料
Ⅳ.TM TN

中国版本图书馆 CIP 数据核字(2008)第 076889 号

出版发行 天津大学出版社
地　　址 天津市卫津路 92 号天津大学内(邮编:300072)
电　　话 发行部:022-27403647
网　　址 publish. tju. edu. cn
印　　刷 天津泰宇印务有限公司
经　　销 全国各地新华书店
开　　本 185mm×260mm
印　　张 8.75
字　　数 220 千
版　　次 2008 年 8 月第 1 版
印　　次 2017 年 1 月第 9 次
印　　数 29 001—31 000
定　　价 20.00 元

工程实践系列丛书
编写委员会

前　言

本书以实用技术为主、理论为辅，系统介绍了电气工程技术和电子工艺在工程实践中应遵循的国际通用及国家颁布的相关技术标准和规范，并较详细地介绍了国内外先进的电气工程技术和产品，阐明了电气工程技术的基本原理和关键技术，提供了在电气工程典型设备中常用的低压电器的选型和使用方法，使读者能尽快掌握电气工程从设计、施工、验收到监理等重要环节的基本要求。

在电子工艺相关内容介绍中，较详细地阐述了电子产品从电路原理图的设计、元器件的选择、装配技术规范、工艺流程，到最终成为一个完整电子产品的主要过程。为了结合实践，重点设计了 12 个实训指导，以便帮助读者从基础理论、操作技能到综合创新能力都能得到深刻理解和全面提高。

本书由毛书凡主编，宗晓宁编写了第一章的第一节、第二节、第三节、第五章部分内容及附录 A，董超、刘皓编写了第六章部分内容及附录 B，全书其余内容由毛书凡编写。

由于本书涉及电气工程和电子工艺领域的内容较多，加之作者水平有限，难免存有缺陷和不足，欢迎读者批评指正。

编者

2008 年 2 月

前　言

目　录

第一章　电工测量及安全用电

电能以功率形式表达时称为电力。电力由发电厂产生，经过输送、变换和分配，到达分散的用户。图 1-1 表示从发电厂到用户的输电过程。

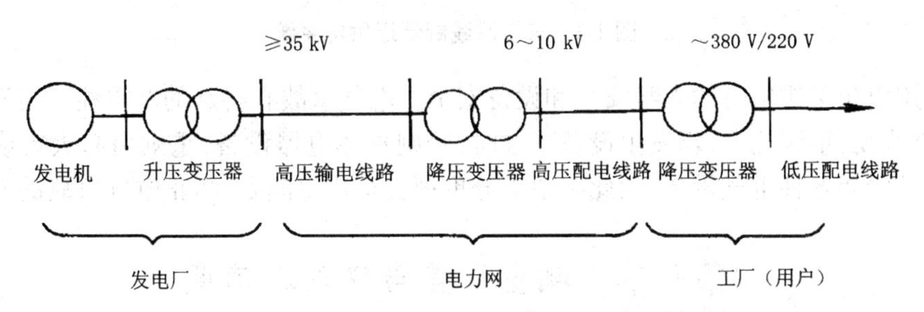

图 1-1　从发电厂到电力用户的输配电过程示意图

发电厂、电力网以及用户所组成的有机整体称为电力系统，它包括电能的生产、输送和分配等环节。

发电厂是把其他形式的能量(如热能、动能、核能等)转换成电能的场所。根据所用能源的不同，发电厂分为火力发电厂、水力发电厂等。在发电厂中，由发电机产生的电能电压较低，一般要先经厂内的升压变电所转换成高压，再送到外界的高压电力网。

电力网是电力系统的重要组成部分，它包括所有的变、配电所及各种不同电压等级的电力线路。电力网的作用是将电能输送、变换和分配给各用电单位。变电所是汇集电能、变换电压的中间环节，它由各种电力变压器和配电设备组成。不含电力变压器的变电所称为配电所。

凡取用电能的单位均称为电能用户，其中工业企业用电量约为全国总发电量的 64%，是最大的电能用户。

从变压器二次侧到用户的用电设备采用 380/220 V低压线路供电，称为低压供电系统。

小型工业和普通民用设施的供电，一般只需设立一个简单的降压变压器，电源进线为 10 kV，降为低压 380/220 V，供电系统如图 1-2 所示。照明、电热以及中、小功率电动机等用电设备的供电一般采用 380/220 V 三相四线制。三相四线制低压供电系统如图 1-3 所示。

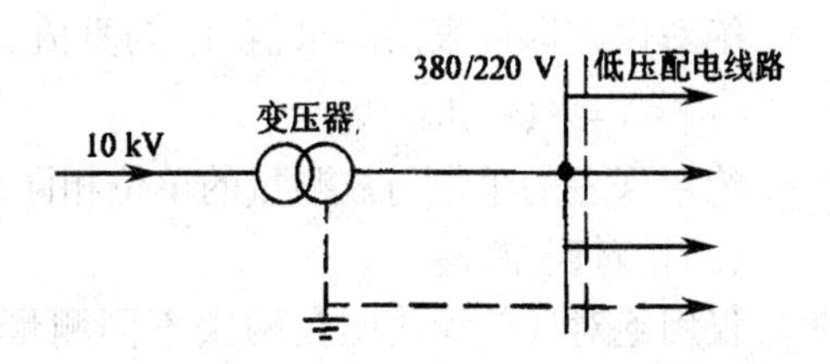

图 1-2　小型工业与民用设施低压供电系统

在工厂配电间，可以看到测量电流、电压、功率等的各种仪表。要进行家用电能的计费，就需安装电能表(电度表)。此外，如果要测量空调的某些指标(如温度、风速等)，就需要各种仪表将这些物理量转变为电量或电参量进行测量，这也是电工测量的任务。各种电工、电子产品的生产、调试、鉴定和各种电气设备的使用、检测、维修等都离不开电工测量。电工测量仪表和电工测量技术的发展保证了生产过程的顺利进行，也为科学研究提供了有利条件。

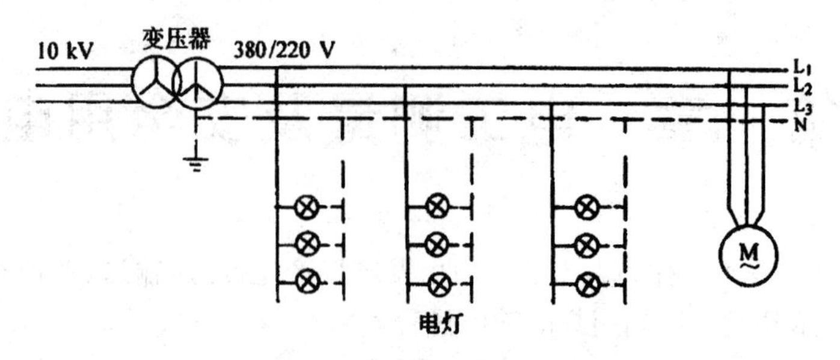

图 1-3　三相四线制低压供电系统

安全用电包括用电时的人身安全和设备安全。电气事故有特殊的严重性。当发生人身触电时,轻则烧伤,重则死亡;当发生设备事故时,轻则损坏电器设备,重则引起火灾或爆炸。由于人们经常接触各种电气设备,因此必须十分重视安全用电问题,防止电气事故的发生。

第一节　测量误差与仪表准确度

一、指示仪表的误差

无论采用什么样的仪表、仪器和测量方法,都会使测量结果与被测量的真实值(即实际值或简称真值)之间存在着差异,这就是测量误差。测量误差是由仪表本身存在的基本误差(即由结构不精确造成的固有误差)和外界因素(如温度影响、电磁干扰、测量方法不当、读数不准确等)引起的附加误差造成的。为了减小附加误差,应采取必要措施,使仪表在正常情况下进行测量,此时可认为测量误差仅由仪表基本误差造成的。

二、误差的表达形式

仪表误差有绝对误差和相对误差。

(1)绝对误差

绝对误差即仪表的测量值 A_X 与真值 A_0 之差,表示为

$$\Delta = A_X - A_0 \tag{1-1}$$

绝对误差的单位与被测量的单位相同,绝对误差在数值上有正负之分。

(2)相对误差

仅用绝对误差无法比较两次不同测量结果的准确性,例如用电流表测量 100 mA的电流时,绝对误差为 +1 mA,再测量 10 mA 电流时,绝对误差为 +0.25 mA,虽然前者的绝对误差大于后者,但并不能说明后者的测量比前者准确,要使两次测量能够进行比较,必须采用相对误差。

绝对误差 Δ 与被测量的真值 A_0 之比叫做相对误差,用 γ 表示,常以百分数表示为

$$\gamma = \Delta / A_0 \times 100\% \tag{1-2}$$

因为测量值 A_X 与真实值 A_0 相差不大,故相对误差也可近似表示为

$$\gamma \approx \Delta / A_X \times 100\% \tag{1-3}$$

在一般情况下,不考虑相对误差的正负,所以,可对式(1-3)中的 Δ / A_X 取绝对值。

三、指示仪表的主要技术指标

指示仪表的主要技术指标是准确度(也称正确度、最大引用误差或满度相对误差)。指示仪表准确度是指在正常条件下进行测量可能产生的最大绝对误差 Δ_m 与仪表的最大量程(满标值) A_m 之比,通常用百分数表示为

$$\pm K\% = \Delta_m / A_m \times 100\% \tag{1-4}$$

国家标准 GB 776—1976《电气测量指示仪表通用技术条件》规定,仪表准确度有七个等级,即 0.1、0.2、0.5、1.0、1.5、2.5 和 5.0 级。仪表在正常工作条件下使用时,各等级仪表的基本误差不超过表 1-1 规定的值。

表 1-1　仪表的准确度等级和基本误差

准确度等级	0.1	0.2	0.5	1.0	1.5	2.5	5.0
基本误差(%)	±0.1	±0.2	±0.5	±1.0	±1.5	±2.5	±5.0

根据仪表准确度可以确定测量的误差。例如,正常情况下用 0.5 级量程为 10 A 的安培表测量电流时,可能产生的最大绝对误差为

$$\Delta_m = A_m \times (\pm K\%) = \pm 0.5\% \times 10\ \text{A} = \pm 0.05\ \text{A}$$

在正常工作条件下,可以认为最大绝对误差是不变的。如用上述安培表测量 8 A 电流时,相对误差为

$$(\pm 0.05/8) \times 100\% = \pm 0.625\%$$

而用它测量 1 A 电流时,相对误差为

$$(\pm 0.05/1) \times 100\% = \pm 5\%$$

可见,对于一只确定的仪表,测量值越小,测量时准确性就越低。因此在选用仪表的量程时,希望被测量的值接近满标值,但也要防止超出满标值后仪表受损,通常使被测量值为满标值的 2/3 左右为宜。

思考题

1. 已知待测电压为 220 V,今有两个电压表,一个为 0 ~ 250 V 的 1.5 级,另一个为 0 ~ 500 V 的 0.5 级,应选哪个表测量更合适?

2. 用量程为 100 V 的 1.0 级的电压表和量程为 50 V 的 1.5 级的电压表测量 40 V 的电压时,相对误差各为多少?

第二节　电流、电压和功率的测量

一、电工测量仪表的分类

电工仪表的种类繁多,有指示仪表、比较式仪表、数字式仪表和图示仪器等,本节主要介绍

几种常用的直读式仪表。这类仪表的特点是将被测量转换为仪表指针的偏转角,从而直接读出被测量的值。

指示仪表的分类如下:

①根据仪表工作原理分为磁电系仪表、电磁系仪表和电动系仪表等;

②根据测量对象的种类分为电流表(安培表、毫安表、微安表)、电压表(伏特表、毫伏表等)、功率表(瓦特表)、高阻表(兆欧表)、欧姆表、万用表等;

③根据被测电流的种类分为直流、交流和交直流两用仪表;

④根据仪表使用方式分为开关板式和便携式。

开关板式仪表安装于开关板上或仪器的外壳上,准确度等级为 1.0、1.5、2.5、5.0 的仪表用于一般的工程测量,标准度等级为 0.1、0.2 的仪表通常用作计量标准仪表。

二、常用电工仪表的表盘符号

电工仪表表盘上的各种标记用来说明仪表的种类、准确度等级和使用方法等。常见电工仪表的表盘标记见表 1-2。

表 1-2 电工仪表的标记

分类	符号	名称	分类	符号	名称	分类	符号	名称
电流种类	—	直流表	工作位置		磁电系仪表	工作位置	—	水平使用
	∼	交流表			电动系仪表		⊓	
	≂	交直流表			铁磁电动系仪表		↑	垂直使用
	≋	三相交流表			电磁系仪表		⊥	
测量对象	Ⓐ	电流表			电磁系仪表（有磁屏蔽）	绝缘实验准确度	ϟ	实验条件 2 kV
	Ⓥ	电压表			整流系仪表		☆2	
	Ⓦ	功率表		III	防外磁场能力（第三等级）		0.5	0.5 级
	W·h	电能表		B	使用条件 B 级			

三、指示仪表

各种指示仪表主要由驱动装置、反作用装置与阻尼装置三部分组成。

1.磁电系仪表

磁电系仪表又称永磁式仪表,测量机构如图 1-4 所示。在固定的永久磁铁的极掌与圆柱形铁芯之间的气隙中放置着绕在铝框上的可动线圈(图 1-4(a))。当可动线圈通入被测电流时,载流线圈与永久磁铁的磁场相互作用,产生电磁力 F(图 1-4(b)),从而形成驱动力矩,带动指针偏转。驱动力矩 T 与电流 I 成正比。指针偏转时,与它相连的螺旋弹簧被扭转而产生一

个反作用力矩 T_C，与指针偏转角 α 成正比。当指针在某一位置上静止时，$T_C = T$，可得 $\alpha = KI$，K 为常数。可见，磁电系仪表的指针偏转角度与线圈中的电流成正比。因此，可在表盘上均匀刻度，并根据偏转角的大小读出被测电流的大小。当线圈中无电流而指针不在零位时，可用调零器校正（称为机械调零）。

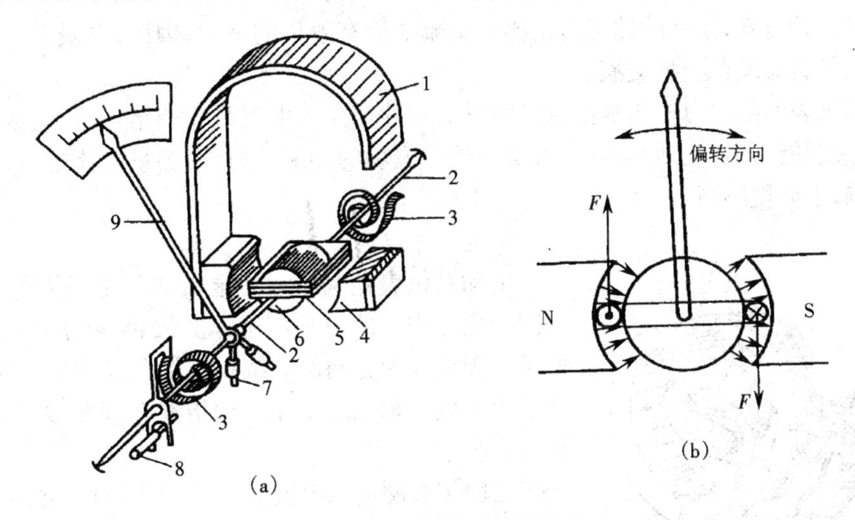

图 1-4　磁电系仪表测量机构

(a)测量机构；(b)力矩示意图

1—永久磁铁　2—转轴　3—游丝　4—极掌　5—可动线圈　6—圆柱形铁芯
7—平衡锤　8—调零器　9—指针

磁电系仪表的阻力矩是由绕制线圈的铝框产生的。当铝框随线圈一起转动时，闭合铝框将切割磁力线，在框内产生感应电流。该电流再与磁场作用，使铝框受到与转动方向相反的制动力矩，于是转动部分受到阻尼作用，指针迅速静止在平衡位置。这是一种电磁阻尼。

若线圈中通入交流电，由于电流方向的不断交变，使得线圈的平均转矩为零，指针不偏转，因而磁电系仪表只能用于测量直流电。要测量交流电必须经过整流，即将交流电变为直流电。

磁电系仪表准确度高，刻度均匀，耗能少，不易受外界磁场的影响。但被测电流必须通过游丝，动圈导线又很细，所以过载能力差，同时结构较复杂，易损坏。

2. 电磁系仪表

图 1-5 为常用排斥型电磁系仪表的测量机构。当被测电流通过线圈 1 时，电流磁场 B 使动铁片 3 和定铁片 2 同时磁化，这两铁片的同一侧产生相同极性的磁极。这时，动、定铁片相互排斥，排斥力使动铁片转动而带动指针偏转。当转动力矩与游丝 5 的反作用力矩平衡时，指针就稳定地指在仪表刻度尺的一定位置上。

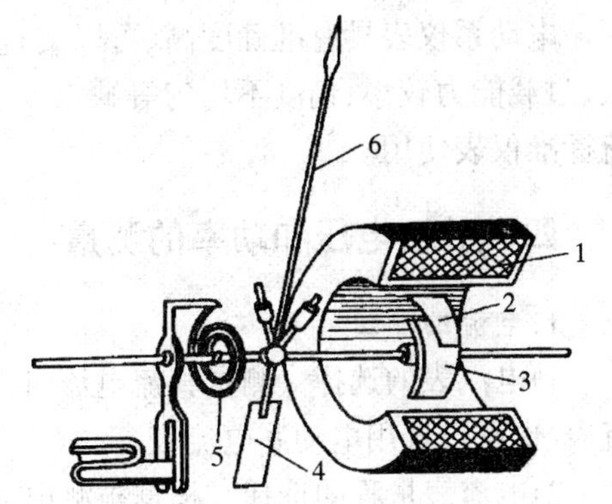

图 1-5　排斥型电磁性仪表测量机构

1—线圈　2—定铁片　3—动铁片
4—阻尼片　5—游丝　6—指针

由于定、动铁片被磁化的程度近似地正比于线圈电流，排斥力是由这两块铁片间的相互作用产生的，所以驱动力矩 T 与线圈电流 I 的平方成正比。

和磁电系仪表一样，由游丝产生反作用力矩 T_C 也与 α 成正比。当驱动力矩与反作用力矩平衡时，$T = T_C$，故有 $\alpha = KI^2$。可见，电磁系仪表的指针偏转角度近似地与线圈电流的平方成正比，因此表盘的刻度是不均匀的。

若线圈中通入交流电，当电流反向时，两铁片的磁化极性同时反向，相互作用力的方向保持不变。经分析可知，指针的偏转角正比于交流电流有效值的平方，因此，电磁系仪表的测量机构既可测量直流又可测量交流。

电磁系仪表的阻尼力矩通常由空气阻尼器叶片产生。电磁系仪表结构简单，成本低，交、直流可用，过载能力强，但刻度不均匀，易受外界磁场的影响。另外，测量交流电时，因铁片中铁损的影响，准确度不高。

3.电动系仪表

电动系仪表是利用通有电流的固定线圈与可动线圈之间产生作用力的原理而工作的仪表，测量机构如图 1-6 所示。固定线圈分两部分绕在框架上以产生匀强磁场，可动线圈安装在转轴上，可带动指针在固定线圈内自由转动。

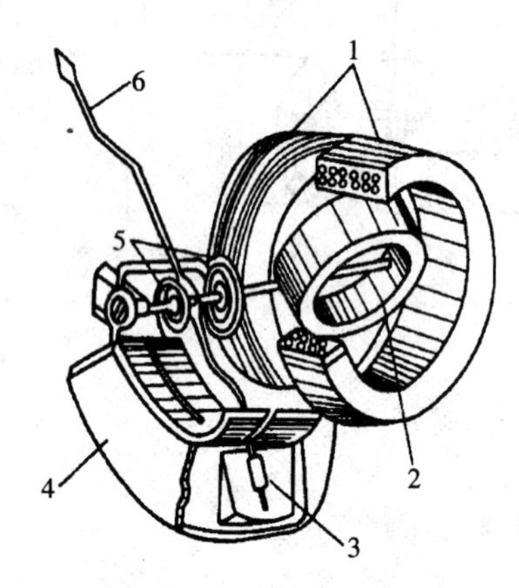

图 1-6 电动系仪表的测量机构

1—定圈 2—动圈 3—空气阻尼器叶片 4—空气阻尼器外盒 5—游丝 6—指针

当固定线圈通入电流 I_1 时将产生磁场，磁感应强度 B 正比于电流 I_1。若此时可动线圈通入电流 I_2，则形成驱动力矩 $T = KI_1I_2$。随着可动线圈的偏转，游丝将产生反作用力矩 $T_C = K_2\alpha$。当两个力矩平衡时，$T = T_C$，偏转角为 $\alpha = KI_1I_2$，可见电动系仪表的偏转角与两线圈电流的乘积成正比。如果电流 I_1、I_2 的方向同时改变，电磁力的方向不会改变，驱动力矩的方向也不会改变，故电动系仪表除能测量直流电外，还能测量交流电。此时

$$\alpha = KI_1I_2\cos\varphi \tag{1-5}$$

式中，I_1、I_2 是交流电流的有效值，φ 是两交流电流间的相位差。根据这个原理可以制成功率表测量功率。

电动系仪表具有准确度高、可以交直流两用等优点。但它也有易受外磁场影响和功耗较大、过载能力较小、刻度不均匀等缺点。电动系仪表可作为实验室交直流两用仪表或作为交直流标准仪表使用。

四、电流、电压和功率的测量

1.电流的测量

1)电流表的选择 测量直流电流时，常用磁电系电流表；测量交流电流时，常用电磁系电流表，也可以选用电动系电流表。

2)电流表量程的选择 根据被测电流的大小选择电流表的量程，尽量使指针工作在满标值 2/3 的区域，以减小测量误差。当不能确定被测电流的大小时，应选较大的量程进行测试，然后再换适当的量程，以免损坏电流表。

3)电流表的接线方法 测量电流时应把电流表和被测电路串联。使用磁电系直流电流表

时,要让电流从表的“+”接线端钮流入“-”接线端钮流出,否则,指针将反偏转而容易受损。为了不影响电路原有的工作状态,电流表的内阻应远小于电路的负载电阻,否则,测量的电流值将明显偏小。如果误将电流表和负载电路相并联,将有很大的电流流过电流表,可能将之烧毁,应避免发生这种事故。

4)电流表量程扩大的方法　根据并联电阻分流的原理,在测量直流电流时,常在磁电系测量机构(又称表头)上并联阻值更小的电阻分流器,以制成多量程电流表。交流电流表量程的扩大,一般是将其电动系或电磁系测量机构的固定线圈分成几段,用线圈串、并联的方法实现(交流仪表测量机构的线圈既有电阻又有电感,用并联分流器的方法扩大量程,分流器很难做得准确)。测量大电流时,要正确选配电流互感器。

2.电压的测量

1)电压表的选择　磁电系电压表只能测量直流电压,电磁系和电动系电压表可以交、直流两用。

2)电压表的量程选择　与电流表量程的选择类似,低压配电装置的电压一般为380 V或220 V,测量时要注意安全。

3)电压表的接线方法　要测量电路中某两点间的电压,应把电压表并联在这两点上。对于直流电压表,要注意电压表的“+”接线端钮接高电位点,“-”接线端钮接低电位点,否则指针反偏转仪表可能受损。为了减小电压表对电路工作状态的影响,应使电压表的内阻远大于被测负载的电阻。电压表的内阻常在表盘上以电压灵敏度表示,如“20 kΩ/V”;若某直流电压挡量程为10 V,则其内阻为(20 kΩ/V)×10 V=200 kΩ。内阻越大,测量越准确。

4)电压表量程扩大的方法　根据串联电阻分压的原理,常用多量程电压表内装多个不同阻值的分压电阻(倍压器),可供多个量程选用。

3.功率的测量

电功率是由电路中的电压和电流决定的,因此用来测量电功率的仪表必须有两个线圈:一个用于反映电压,一个用于反映电流。功率表通常用电动系仪表制成,用于串联接入电路的固定线圈导线较粗,匝数较少,称为电流线圈;用于并联接入电路的线圈导线较细,匝数较多,并串有一附加电阻,称为电压线圈,如图1-7所示。改变线圈的串、并联,可以改变电流线圈的量程;改变串入线圈的附加电阻,可以改变电压线圈的量程。

(1)直流功率的测量

测量功率时,功率表的电流线圈应与负载串联,电压线圈(已包括附加电阻)应与负载并联,如图1-7(c)所示。此外,还要注意把标有“±”或“*”标记的电压线圈端和电流线圈端按图1-7(a)所示接于电源的同一端,使通过这两个线圈端电流的参考方向相同,否则指针将反偏转。

若功率表的电压量程为U_m,电流量程为I_m,表盘满刻度格数为α_m,则每一格所代表的瓦数(称分格常数)为

$$C = U_m I_m / \alpha_m \tag{1-6}$$

测量时若指针偏转刻度格数为α,则被测功率为

$$P = C\alpha \tag{1-7}$$

(2)单相交流功率的测量

由式(1-5)可知,在测量交流电时,电动系仪表偏转角α除了正比于两线圈电流有效值的

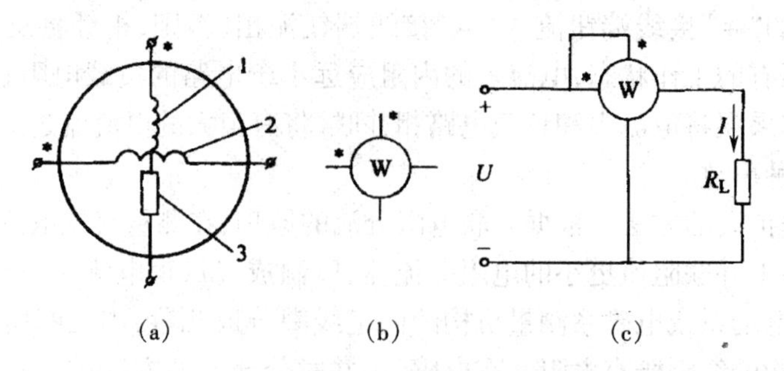

图 1-7 功率表

(a)内部接线;(b)符号;(c)测量电路

1—电压线圈 2—电流线圈 3—附加电阻

乘积外,还正比于两电流相位差的余弦。由于功率表电压线圈串有阻值很大的附加电阻,与电阻相比,感抗可以忽略不计,故可认为通过电压线圈的电流与负载电压同相,而通过电流线圈的电流又为负载电流,可见两电流的相位差近似等于负载的功率因数角,所以电动系功率表的偏转角与交流电的平均功率($P = IU\cos\varphi$)成正比。

综上所述,电动系功率表既可测量直流电功率,又可测量交流电功率,而且接线和读数的方法完全相同。

思考题

1.使用直流仪表时,要注意测量线与端钮的正确连接,而使用交流仪表时,是否要考虑极性问题,为什么?

2.若误将直流电压表与被测电压电路串联,会出现什么现象?

3.图 1-8 所示两条电表刻度尺有何不同?它们各用于何种仪表?

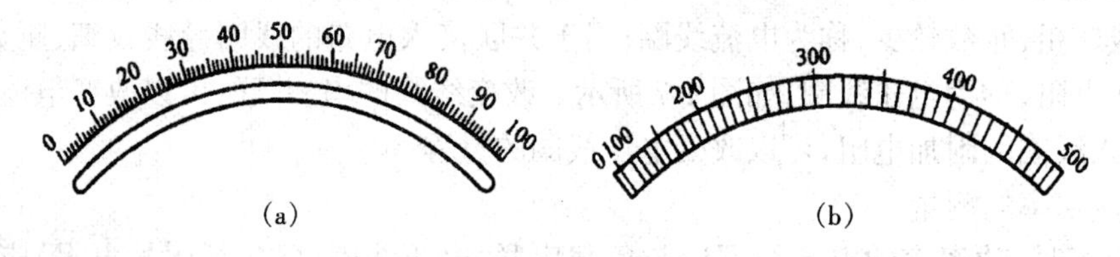

图 1-8 思考题 3 图

4.在运输灵敏度很高的直流电流表时将"+、-"接线端钮短路,可以发现,当左右摇晃电流表外壳时,与不短路相比,指针摆动的幅度要小得多,这样就可以保护指针不致左右摇晃太剧烈而损坏。请分析其原理。

5.某负载的电流和功率大于功率表的额定值,但电压小于功率表的额定值,问能否用此功率表测量该负载的电功率?

第三节　万用表与兆欧表的使用

一、万用表

万用表的基本用途是测量电流、电压和电阻，有的还可以测量电容、电感、晶体管参数以及频率等。万用表使用方便、便于携带，是电路实验和电气维修的常用工具。下面分别介绍指针式和数字式万用表的原理和使用方法。

(一)指针式万用表

1.万用表的结构及工作原理

万用表主要由表头、测量电路、转换开关等组成，简化原理电路如图 1-9 所示。万用表用一只磁电系表头测量多种物理量并具有多种量程，是通过转换开关实现的。

当转换开关 S 置于“mA”位置时，万用表就成了直流毫安表；当转换开关 S 置于“$\underline{V}$”位置时，万用表就成了直流电压表；当转换开关 S 置于“$\tilde{V}$”位置时，利用二极管整流电路，万用表可用来测量低频正弦电压；当转换开关 S 置于“Ω”位置时，万用表可以测量电阻。

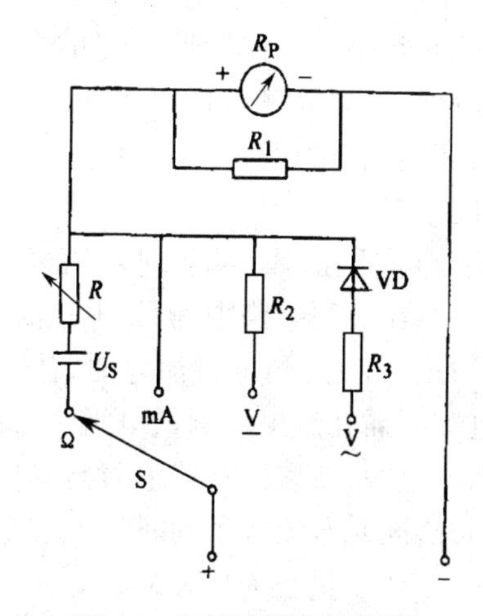

图 1-9　万用表简化原理图

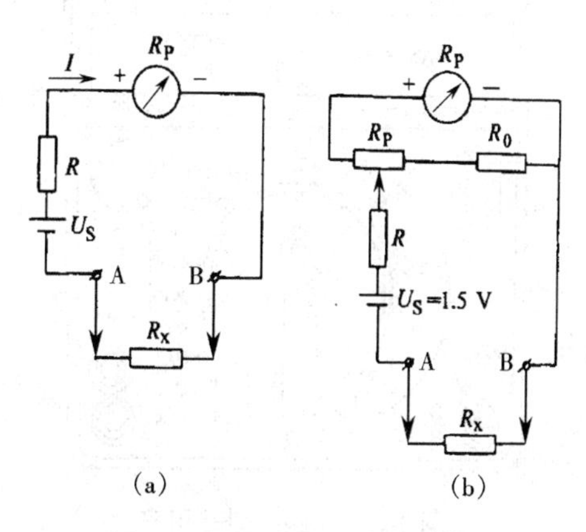

图 1-10　万用表欧姆挡原理图

(a)欧姆挡简化原理图；(b)分压式零欧姆调整器

图 1-10(a)为万用表欧姆挡的简化原理图，表头内阻为 R_P，表内装有固定电阻 R。若表笔 A、B 间接上被测电阻 R_X 后，电池端电压为 U_S 时，通过磁电系测量机构的电流为

$$I = U_S/(R_P + R + R_X) \tag{1-8}$$

由于 U_S、R_P、R 均为常数，故 I 只随被测电阻 R_X 而改变，可见仪表指针的偏转可以反映 R_X 的大小。

当 R_X 趋∞(即 A、B 两端钮开路)时，$I=0$，指针不偏转，欧姆表的刻度应为“∞”；当 $R_X=0$(即 A、B 两端钮短路)时，选择适当的 R 可使 $I=I_P$，指针满偏，欧姆表的刻度应为“0”。可见，欧姆表的刻度是反向的，同时是不均匀的。当 $R_X=R_P+R$ 时，$I=I_P/2$，指针偏转到刻度尺的中间位置，此值表示了欧姆表内阻的大小，称为欧姆表的欧姆中心电阻值。由于刻度的非均匀性，测量时应尽可能使指针在中心值附近，以提高测量准确度。若 R 取不同阻值，就构成了多量程的万用表欧姆挡。

欧姆表的满偏电流直接受表内电池端电压 U_S 的影响,而电池端电压又随使用和存放时间的增加而逐渐下降。这使得 $R_X=0$ 时,指针不能再偏转到满偏位置的欧姆零位,使测量结果偏大。为了减小这种误差,常采用图 1-10(b)所示的分压式零欧姆调整器。通过改变调整电位器 R_P 的滑动触头位置,可改变与磁电系测量机构 R_P 串联和并联的电阻,使分流关系改变,从而在 U_S 下降的情况下,$R_X=0$ 时,也能使指针调到零位。为了方便调整,R_P 的旋钮装在仪表的面板上,并标有相应的标记。

2.万用表的使用

图 1-11 为 MF-47 型万用表,现以此为例说明万用表的一般使用方法。

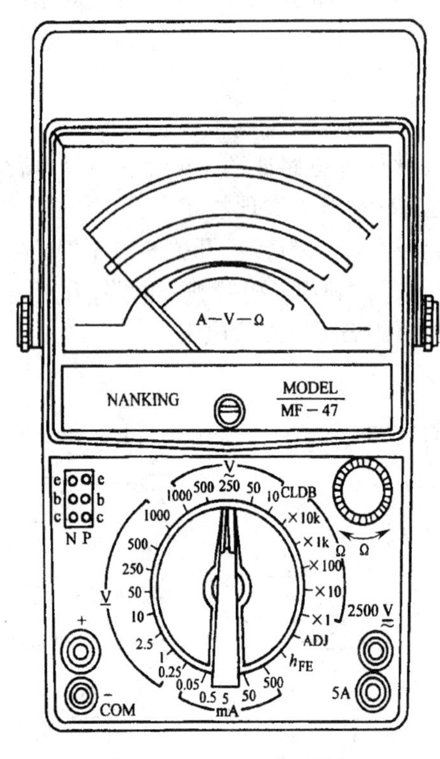

图 1-11 MF-47 型万用表

(1)根据测量对象选择量程

万用表的测量对象多、量程多,使用前要弄清面板上各挡位的测量范围。使用时一定要注意调准转换开关的测量挡位,否则可能损坏仪表。如果不知道被测量的大小,应先从最大量程开始试测,然后减小到合适的量程进行测量,以防打坏指针。所选挡位应尽可能使指针指示在标尺位置的 2/3 区域(测量电阻时例外)。测量完毕后,应将转换开关置于交流电压最高挡或空挡上。

(2)接线要正确

先将红表笔接"+"插孔,黑表笔接"－"插孔。测量电流时,表笔串联在被测电路中;测量电压时,表笔和被测电路并联。注意,测量直流电时,让电流从"+"插孔流进"－"插孔流出。测量电阻时,首先要切断被测电阻的电源,然后检查该电阻与其他电路的连接是否断开,同时避免双手同时接触表笔金属部分。5 A 和 2 500 V 量程为单独插孔。使用 5 A 电流插孔时,应将转换开关置于 500 mA 量程挡位。使用 2 500 V 电压插孔测直流或交流电压时,应将转换开关置于直流或交流电压 1 000 V 量程挡位。

(3)操作要正确

使用万用表要胆大心细,使用前做到心中有数,并注意以下几点。

①测量电阻时,每次更换量程都要先将两根表笔短接,进行零欧姆调整,然后选择合适的量程,使指针位于刻度尺的中间段,以减小误差。用欧姆表测量电子器件时要特别注意,红表笔插入的正插孔为低电位端,黑表笔插入的负插孔为高电位端(图 1-9)。

②不能在通电情况下切换转换开关。

③测量高压时要有足够的绝缘及相应的技术措施(如操作人员应穿绝缘靴并站在绝缘垫上)。

(4)读数要正确

由于测量不同电量都共用一个表头,所以,要弄清被测量在哪条刻度尺读数。不可交直流串用，更不能看错读错。特别要注意交流 10 V 量程的刻度是单独刻制的。测量电阻时，要注意将所得读数乘以该挡倍数。

一般万用表的准确度为 2.5 级或 5.0 级。根据准确度及所选量程正确记录仪表指示值的有效数字。读数时，眼睛与指针应处于一条直线上，否则读数会有偏差。

（二）数字万用表

随着电子技术的发展，新型袖珍式数字万用表得到迅速推广和普及。数字万用表具有很高的灵敏度和准确性，且有显示清晰直观、功能齐全、性能稳定、过载能力强、便于携带等特点。下面以图 1-12 为例，简单介绍数字万用表的使用方法。

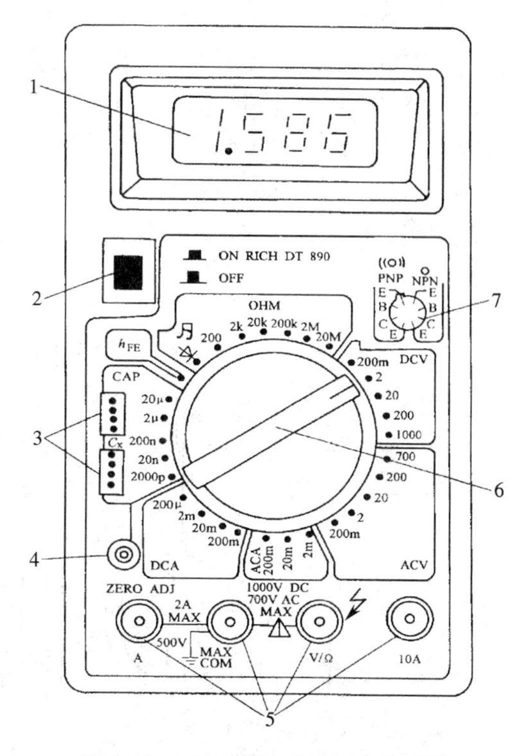

图 1-12　DT890 型数字万用表外形图

1—显示器　2—开关　3—电容插口　4—电容调零器　5—插孔　6—选择开关　7—h_{FE}插口

1. 交直流电压的测量

将电源开关置于 ON 位置，根据需要将量程开关拨至 DCV（直流）或 ACV（交流）范围内的合适量程，红表笔插入 V/Ω 孔，黑表笔插入 COM 孔，并将测试表笔连接到测试点上，读数即显示。在测量仪器仪表的交流电压时，应当用黑表笔接触被测电压的低电位端（信号发生器的公共接地端或机壳），以消除仪表对地分布电容的影响，减少测量误差。

2. 交直流电流的测量

将量程开关拨至 DCA（直流）或 ACA（交流）范围内的合适量程，红表笔插入 mA 孔（≤200 mA）或 10 A 孔（>200 mA），黑表笔插入 COM 孔，并通过表笔将万用表串联在被测电路中。在测量直流电流时，数字万用表能自动转换或显示极性。若显示值为正，说明电流流入红表笔。使用完毕，应及时将红表笔从电流插孔中拔出，插入电压插孔。

3. 电阻的测量

将量程开关拨至 OHM（欧姆挡）范围内的合适量程，红表笔（正极）插入 V/Ω 孔，黑表笔（负极）插入 COM 孔。如果被测电阻超出所选量程的最大值，万用表将显示过量程“1”，这时应选择更高的量程。对大于 1 MΩ 的电阻，几秒钟后读数才能稳定，这是正常的。当检查内部线路阻抗时，必须切断被测线路电源，并将所有电容放电。

注意，检测二极管和检查线路通断时，红表笔插入 V/Ω 孔，为高电位，黑表笔插入 COM 孔，为低电位，这与指针式万用表正好相反。因此，测量晶体管、电解电容等有极性的元器件时，必须注意表笔的极性。

4. 电容量的测量

将量程开关拨至 CAP 挡相应量程，旋动零位调节旋钮，使初始值为 0，然后将电容直接插入电容插口 3 中，这时显示器上将显示电容量。测量时两手不得碰触电容的电极引线或表笔的金属端，否则数字万用表将严重跳数甚至过载。

二、兆欧表

兆欧表主要用来测量绝缘电阻，以判断电机、变压器等电气设备的绝缘是否良好，其读数以兆欧（MΩ）为单位。

1.兆欧表的工作原理

兆欧表由直流电源和磁电系比率计两大部分组成。常见兆欧表的直流电源是手摇式直流发电机。磁电系比率计的结构如图 1-13(a)所示。它由固定在转轴上空间位置且彼此相差一定角度的可动线圈 1 和 4 组成。可动线圈电流由不产生反作用力矩的柔软金属导丝引入。电流 I_1和 I_2分别通过两个可动线圈时，在永久磁铁磁场作用下产生电磁力矩。N 是转动力矩，T_2是反作用力矩。其共同作用的结果使指针偏转 α 角后而平衡，即指针偏转角 α 与 I_1、I_2有关。

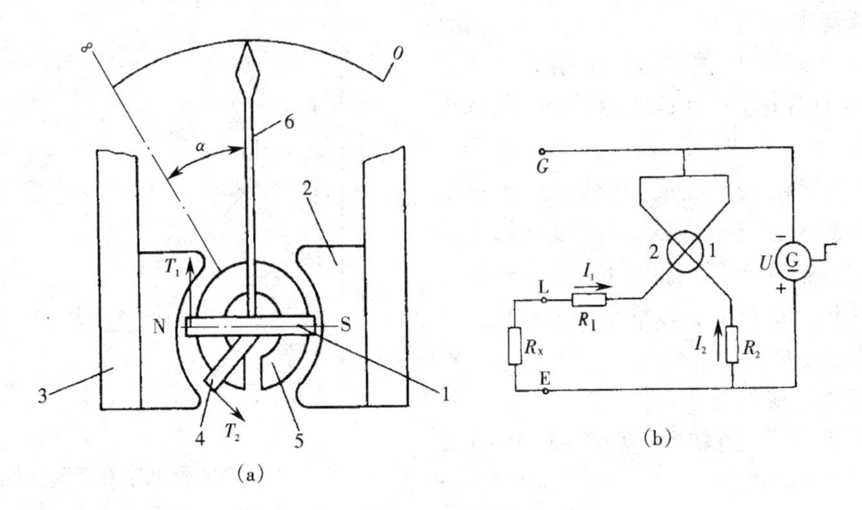

图 1-13 兆欧表

(a)磁电系比率计结构；(b)原理电路

1、4—可动线圈 2—极掌 3—永久磁铁 5—有缺口的圆柱形铁芯 6—指针

由图 1-13(b)可知，可动线圈 1 与电阻 R_1、被测绝缘电阻 R_X 串联，可动线圈 4 与电阻 R_2 串联，之后两个支路都并接在手摇发电机的两端。当电压 U、R_1、R_2为定值时，被测绝缘电阻 R_X 不同，I_1数值不同，但 I_2的数值始终一样。也就是说，不同的被测电阻 R_X 使 I_1不同，故指针的偏转角 α 也不同。因此，可以根据指针偏转角 α 的大小确定绝缘电阻的大小。

兆欧表的标尺是反向不均匀的。由于没有机械游丝，在不通电时磁电系比率计指针可停留在任一位置上。

2.兆欧表的使用方法

兆欧表的使用方法如下。

①首先要正确选择额定电压合适的兆欧表。目前常用手摇兆欧表，内装 500 V、1 000 V 或 2 500 V 的小型手摇直流发电机。若兆欧表的额定电压（发电机电压）过高，可能在测试时损坏被测设备的绝缘；若兆欧表的额定电压过低，所测结果又不能反映工作电压作用下电气设备的绝缘电阻。此外，还要注意选择兆欧表的测量范围应与被测绝缘电阻相适应，避免测量误差过大。

②被测电气设备应断电并与其他设备隔离，具有电容的高压设备还应充分放电，之后再进行测量。

③使用前应检查兆欧表是否完好。可先在兆欧表端钮开路时，摇动手摇发电机至额定转速或接通兆欧表的工作电源，指针应指向“∞”处；将“E”（地）端钮和“L”（线）端钮短时间短接，轻摇手摇发电机或试接兆欧表工作电源，指针应指“0”处。

④接线要正确。一般测量前要把被测物表面擦拭干净，将被测设备接在“L”和“E”端钮间进行测量。其中，“L”端接被测对象，“E”端接被测对象的外壳或其他导电部分。

⑤电源为手摇式发电机的兆欧表，测量时转速应保持额定转速。指针稳定时读数，不能停摇后再读数。

⑥测量中若发现兆欧表指针指零，说明被测绝缘电路有击穿现象，应停止测试。

⑦测量过程中或被测设备没有放电之前可能带电，不得用手触及被测部分。

三、钳形电流表

钳形电流表由电流互感器、磁电式电流表、整流器和分流器等组成，外形如图 1-14 所示。电流互感器的铁芯可以开合，被测量的电流导线作为互感器的原边绕组。

1.用途

它用于不切断电路而进行电流测量的场合，是电气设备和线路检修、运行监视中常用的一种携带式电气仪表。

2.使用方法

使用时，将表转到合适位置，手持胶木手柄，用食指勾紧铁芯开关，便可打开铁芯，将被测导线从铁芯缺口引入到铁芯中央，然后放松铁芯开关上的食指，铁芯就自动闭合，被测导线的电流在铁芯中产生交变磁力线，表上就感应出电流，可直接读数。

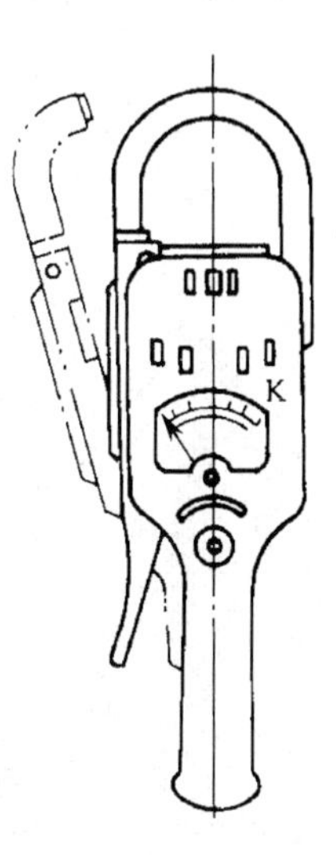

图 1-14 钳形电流表

3.使用注意事项

①根据被测对象的不同，正确选择不同型号的钳形表。

②要正确选择量程。测量前先估量被测电流的大小，将转换开关拨到正确的量程或由大量程到小量程试测，直到转换开关拨到适当位置为止。改换量程应在不带电情况下进行，以免损坏仪表。

③测量时，应使被测导线放在钳口中央，以免产生误差。

④每次测量后，要把调节电流量程的转换开关放在最高挡位，防止下次使用时，因未选择量程就进行测量而损坏仪表。

⑤测量 5 A 以下电流时，为了测量准确，在条件允许的情况下，可将被测量导线多绕几匝放进钳口进行测量。将读取的电流值除以匝数，即得实际电流。

⑥不得测量无绝缘的导线。

⑦测量中，操作人员应注意与带电部位的安全距离，以防触电或发生短路。对高压设备不能直接使用，必须使用相应绝缘等级的绝缘杆辅助才能进行测量。

⑧钳形表的钳口必须保持清洁、干燥，钳口应密合得很好，测量时如有杂声可重新开口一次。

第四节　安全用电常识

本节着重分析人身触电事故的原因和危害以及防止触电的保护措施，并简单介绍安全用电和触电急救常识。此外，还简单介绍了雷电危害的成因及过电压保护技术。

一、触电对人体的伤害

触电是指人身接触到电气设备带电部位而引起局部受伤或死亡的现象。触电对人身伤害的程度主要由通过人体的电流决定。

1. 电流对人体的危害

图 1-15 是国际电工委员会(IEC)1980 年提出的人体触电时间和人体通过电流(50 Hz)时机体反应曲线。该曲线分为四个区，通常将①、②、③区视为人身“安全区”。③区与④区之间的一条曲线称为“安全曲线”。但③区也不是绝对安全的，这一点必须注意。

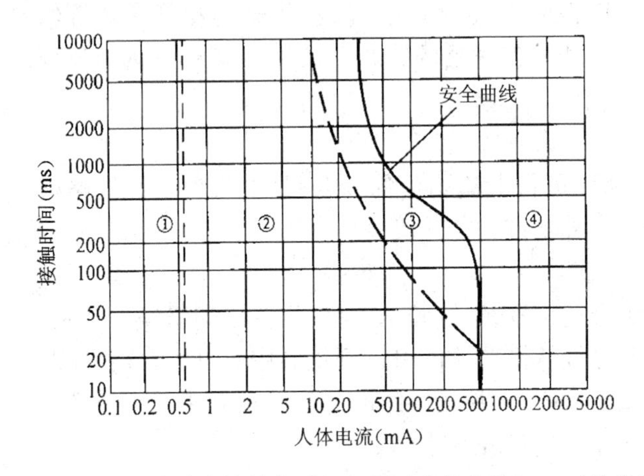

图 1-15　IEC 提出的人体触电时间和通过人体电流(50 Hz)的曲线

①为人体无反应区　②为人体一般无病理生理性反应区

③为人体一般无心室纤维性颤动和器质性损伤区

④为人体可能发生心室纤维性颤动区

2. 安全电流及其有关因素

安全电流也就是人体触电后的最大摆脱电流。各国规定的安全电流值并不完全一致。我国规定为 30 mA(50 Hz 交流)，但触电时间按不超过 1 s(即 1 000 ms)计，因此该安全电流值也称 30 mA·s。由图 1-15 所示的安全曲线可以看出，如果通过人体电流不超过 30 mA·s，对人体不会有损伤，不致引起心室纤维性颤动和器质性损伤。如果通过人体电流达到 50 mA·s 时，对人就有致命危险，而达到 100 mA·s 时，要致人死命。这 100 mA 即为“致命电流”。

(1)触电时间

由图 1-15 安全曲线可知，触电时间在 0.2 s 时对人体危害程度的差别很大。触电时间超过 0.2 s 时，致颤电流值急剧降低。

(2)电流性质

试验表明,直流、交流和高频电流通过人体时对人体的危害程度是不一样的,通常以交流50～60 Hz的工频电流对人体的危害最为严重。

(3)电流路径

电流对人体的伤害程度主要取决于心脏受损的程度。试验表明,不同路径的电流对心脏有不同程度的损害,而以电流从手到脚最为危险。

此外,体重和健康状况也使电流对人的危害程度有所差异。

二、人体触电的两种情况

根据人体所受的伤害,可把触电分为电伤和电击两种类型。电伤是指电流对人体表面的伤害,包括电弧烧伤、烙伤、熔化的金属渗入皮肤等,即使触电电流较大,一般也不会危及生命。而电击则是电流对人体内部的伤害,影响人的心脏、神经和呼吸系统,造成人体内部组织的破坏,即使触电电流较小,也可能导致严重的后果。在很多情况下,电伤和电击是同时发生的,但是绝大多数触电死亡是由电击造成的。

通过人体电流的大小决定于触电电压和人体电阻的大小。人体电阻一般取下限值1 700 Ω(平均值为2 000 Ω)。当安全电流取30 mA、人体电阻取1 700 Ω时,人体允许持续接触的安全电压为

$$U_{saf} = 30\ \text{mA} \times 1\ 700\ \Omega \approx 50\ \text{V}$$

这50 V(50 Hz交流有效值)称为一般正常环境条件下允许持续接触的“安全特低电压”。

可见,决定触电危险性的关键因素是触电电压,而触电电压又与触电方式有关。绝大多数触电事故发生在低压电力系统,常见的触电方式如图1-16所示。

(1)两相触电

两相触电是指人体两个不同部位触及两相带电体时加在人体上的线电压(380 V)造成的触电。这是最危险的,如图1-16(a)所示。

(2)电源中性点接地系统的单相触电

我国低压电力系统绝大部分采用中性点接地方式运行。当人体碰到一根相线时,这时加在人体上的电压为220 V,十分危险,如图1-16(b)所示。

(3)电源中性点不接地的单相触电

少数局部地区的低压电力系统的中性点是不接地的,因传输线与大地间有分布电容存在,当人体碰到一根相线时,线路对地电容的漏电流通过人体形成回路,也仍然是危险的,如图1-16(c)所示。

(4)跨步电压触电

有时输电线断落到地面,这时导线电流向大地流散,并在以接地点为圆心、半径为20 m的圆面积内形成分布电位。人站在接地点附近,两脚之间(以0.8 m计算)的电位差为跨步电压U_{SV},如图1-16(d)所示。人两脚承受跨步电压引起的触电事故称为跨步电压触电。跨步电压的大小取决于人体站立点与导线接地点间的距离及步距大小。距离越小及步距越大,跨步电压越大,危险越大。

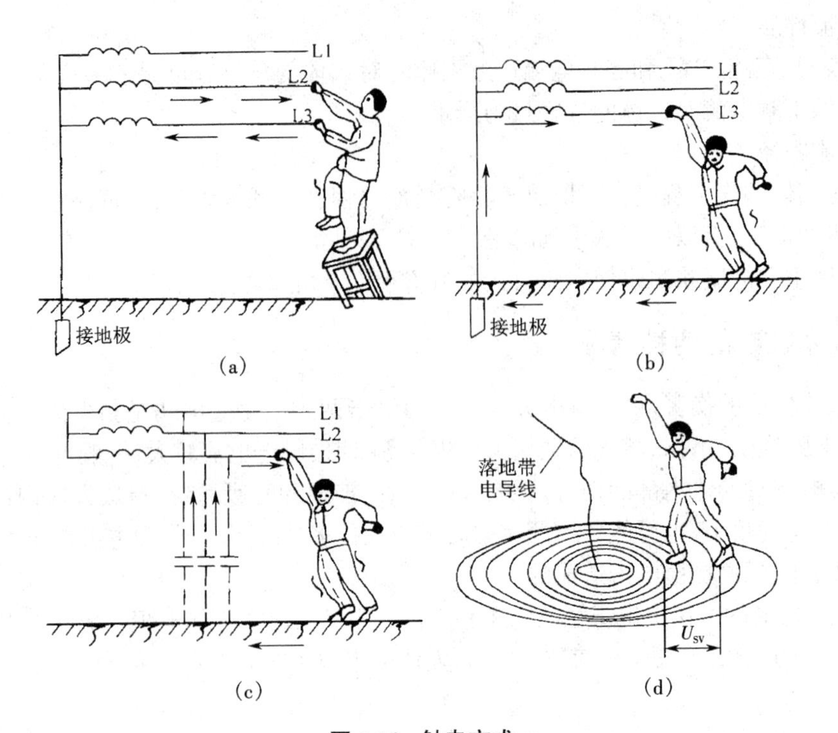

图 1-16 触电方式

(a)两相触电;(b)中性点接地的单相触电;(c)中性点不接地的单相触电;(d)跨步电压触电

三、触电后的急救

触电者的现场急救是抢救过程的关键。如果处理及时和正确,则因触电而呈假死的人可能获救;反之,就会带来不可弥补的后果。触电后的急救步骤如下。

(1)脱离电源

发现有人触电,首先应尽快使触电者脱离电源。方法是就近断开开关或切断电线,也可用绝缘物作为工具使触电者与线路分离,尤其注意避免救人者发生触电事故。

(2)急救处理

当触电者脱离电源后,应立即根据具体情况迅速对症救治,同时快速通知医生前来抢救。如果触电者伤害不严重,神志还清楚,但有心慌、四肢麻木、全身无力的体征,应让其躺下安静休息 1 ~ 2 h,并严密观察,防止发生意外。

如果触电者失去知觉,停止呼吸,但心脏微有跳动(可用两指去试一侧喉结旁凹陷处的颈动脉有无搏动)时,应在通畅气道后,立即进行口对口(或鼻)的人工呼吸。

如果触电者伤害相当严重,心跳、呼吸都已停止,完全失去知觉,则在通畅气道后,立即进行口对口(或鼻)的人工呼吸,同时进行胸外按压心脏,直到医务人员前来救治为止。

四、接地保护和接零保护

要防止各种触电事故,首先要重视安全用电,掌握安全用电常识,同时要采取各种安全措施。

(一)安全用电基本常识

要认真学习安全用电的基本常识,学习内容如下:

①严格执行规章制度;

②正确安装用电设备;

③用电设备的工作值不要超过额定值,保护电器的规格要合适,发现用电设备工作不正常要及时查明原因,排除故障;

④电气设备停止使用时,要切断电源,并挂上停电通告牌;

⑤建立定期检查制度。

(二)采取安全措施

1.使用安全电压

我国国家标准 GB 3805—1983《安全电压》规定的安全电压等级如表 1-3 所示。

表 1-3　安全电压(GB 3805—1983)

安全电压(交流有效值)(V)		选用举例
额定值	空载上限值	
42	50	在有触电危险的场所使用的手持式电动工具
36	43	在矿井、多导电粉尘等场所使用的行灯
24	29	可供某些具有人体偶然触及的带电体设备选用
12	15	
6	8	

2.采用绝缘保护

常用绝缘保护措施有外壳绝缘、场地绝缘和使用隔离变压器等。

3.接地或接零

(1)保护接零

如图 1-17 所示,将电气设备的金属外壳与供电线路的零线(中性线)连接,宜用于供电变压器二次侧中性点接地(称为工作接地)的低压系统。为了确保中性线可靠接地,常采取重复接地的措施,即将中性线相隔一定距离多处接地。

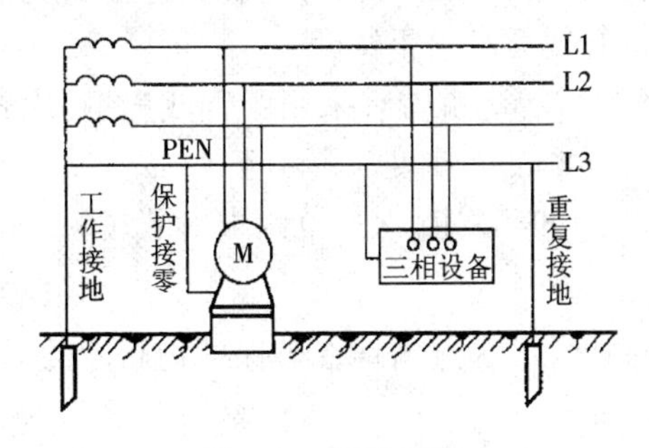

图 1-17　保护接零

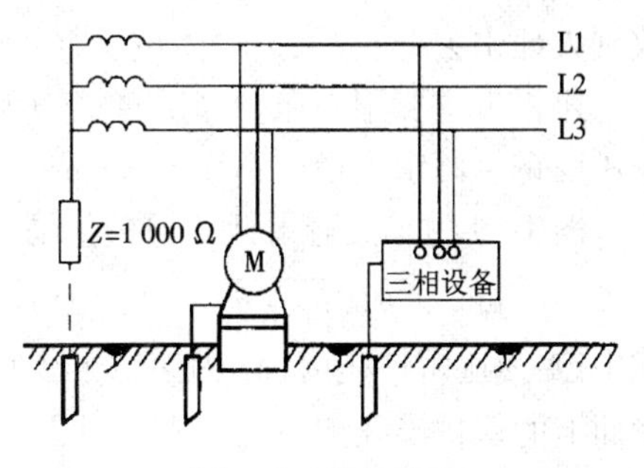

图 1-18　保护接地

(2)保护接地

如图 1-18 所示,在中性点不接地(或经 1 000 Ω 阻抗接地)的系统中(少数地区),宜采用保护接地,即把电气设备的金属外壳通过导体和接地极与大地可靠地连接起来。

注意:在同一低压系统中,不可有的采取保护接地,有的又采取保护接零,否则当采取保护接地的设备发生单相接地故障时,采取保护接零的设备的外露可导电部分将带上危险的电压。

五、避雷和过压保护技术

(一)雷电过电压

雷电是大自然中的一种放电现象,不同电荷的雷云之间、雷云与地面之间的电位差达到相当高的程度时,就急剧放电。放电时间很短(仅若干微秒)而放电电流极大,这就产生强烈的闪电和雷鸣。雷电时过电压产生雷电冲击波,电压幅值可高达 1×10^8 V,电流幅值可高达几十万安培。

过电压是电气线路或电气设备上出现超过正常工作要求的电压。在电力系统中,对电力线路、电气设备绝缘威胁最大的是遭受直接的雷击或雷电感应过电压。

雷电过电压一般有三种基本形式。由雷电直接击中电气设备、线路或建筑物,使强大的雷电流通过这些物体放电入地而遭到毁坏的雷电称为直接雷击。由雷电对设备、线路或其他物体的静电感应或电磁感应而遭受的间接雷击称为感应过电压(感应雷)。此外雷电波沿线路侵入设备或建筑物造成的雷害事故称为雷电波侵入。因此,雷电对供电系统和建筑物危害极大,必须防护。

(二)防雷设备

1.接闪器

为防止直接雷击,常使用接闪器。接闪器是专门用来接受直接雷击(雷闪)的金属物体,有避雷针、避雷线、避雷带和避雷网。常用避雷针一般采用镀锌圆钢(针长 1 m 以下时直径不小于 12 mm;针长 1 ~ 2 m 时,直径不小于 16 mm)或镀锌钢管(针长 1 m 以下时,直径不小于 20 mm;针长 1 ~ 2 m 时,直径不小于 25 mm)制成。它通常安装在电线杆(支柱)或构架、建筑物上。其下端要经符合规定宽度的引下线与接地装置连接。

避雷针的功能实质上是引雷作用,它能对雷电场产生一个附加电场(这附加电场是由于雷云对避雷针产生静电感应引起的),使雷电场畸变,从而将雷云放电的通道由原来可能向被保护物体发展的方向吸引到避雷针本身,然后经与避雷针相连的引下线和接地装置将雷电流泄放到大地中去,使被保护物体免受直接雷击。所以避雷针实质是引雷针。

避雷带主要用来保护高层建筑物免遭直击雷和感应雷。避雷带宜采用圆钢或扁钢,优先采用圆钢。圆钢直径应不小于 8 mm;扁钢截面应不小于 48 mm²,厚度应不小于 4 mm。

图 1-19 为单支避雷针的保护范围。根据 GB 50057—1994 规定,保护范围可由下式确定:

$$r_x=\sqrt{h(2h_r-h)}-\sqrt{h_x(2h_r-h_x)} \tag{1-9}$$

式中:h 为避雷针高度;h_r 为滚球半径;h_x 为被保护物高度;r_x 为避雷针在被保护物高度的 xx' 平面上的保护半径。

2.避雷器

为防止雷电过电压沿线路侵入变电所或其他建筑物而损坏设备绝缘,常采用避雷器。避雷器应与被保护设备并联,装在被保护设备电源侧,如图 1-20 所示。避雷器主要有阀式避雷

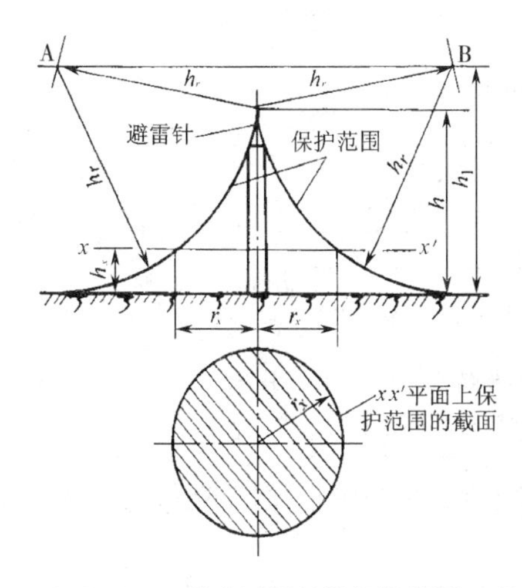

图 1-19　单支避雷针的保护范围

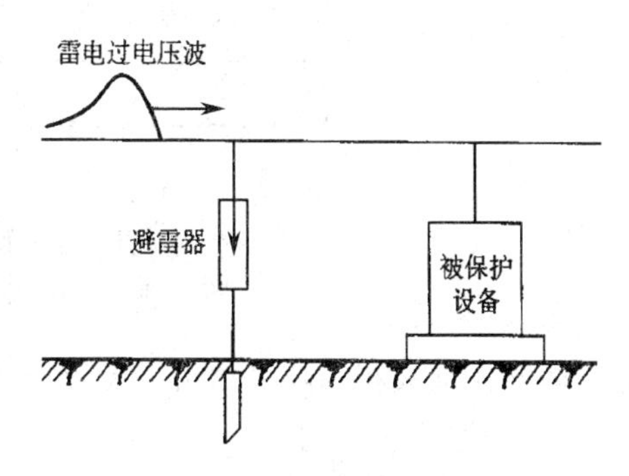

图 1-20　避雷器的连接

器和金属氧化物避雷器等。

(1)阀式避雷器

图 1-21 为高、低压阀式避雷器,部件及特性如图 1-22 所示。阀式避雷器由火花间隙和阀片组成,装在密封的瓷套管内。火花间隙用铜片冲制而成,每对间隙用厚 0.5 ~ 1 mm 的云母垫圈隔开。阀片是用金刚砂(碳化硅)颗粒制成的。正常电压时,阀片电阻很大,超过一定电压时,阀片电阻突然变小。因此在线路上出现雷电过电压时,火花间隙击穿,阀片使雷电流顺畅地向大地泄放。当雷电过电压消失、线路上恢复工频电压时,阀片呈现很大的电阻,使火花间隙绝缘迅速恢复而切断工频续流,从而保证线路恢复正常运行。

(2)金属氧化物避雷器

金属氧化物避雷器又称压敏避雷器,是一种没有火花间隙只有压敏电阻片的阀型避雷器。压敏电阻片是由氧化锌或氧化铋等金属氧化物烧结而成的多晶半导体陶瓷元件,具有理想的阀特性。在工频电压下,它呈现极大的电阻,能迅速有效地阻断工频续

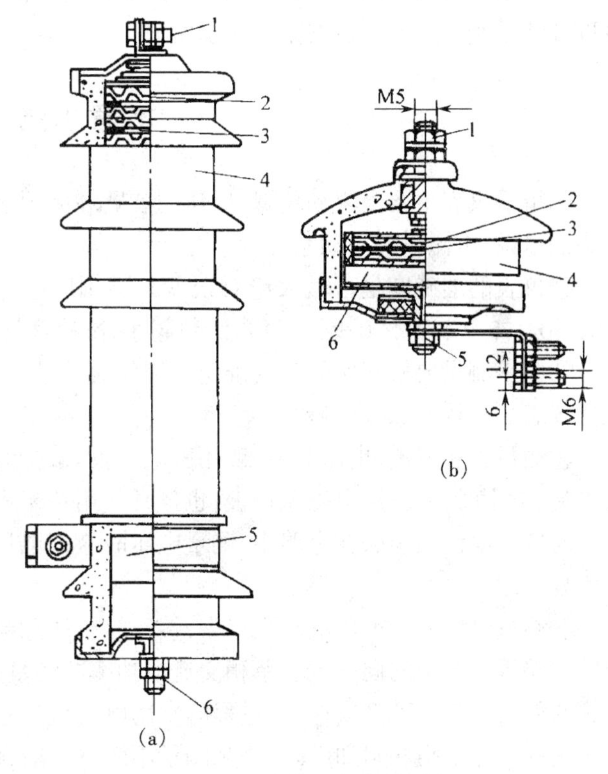

图 1-21　高低压阀式避雷器

(a)FS4-10 型;(b)FS-38 型

1—上接线端　2—火花间隙　3—云母垫圈　4—瓷套管　5—下接线端　6—阀片

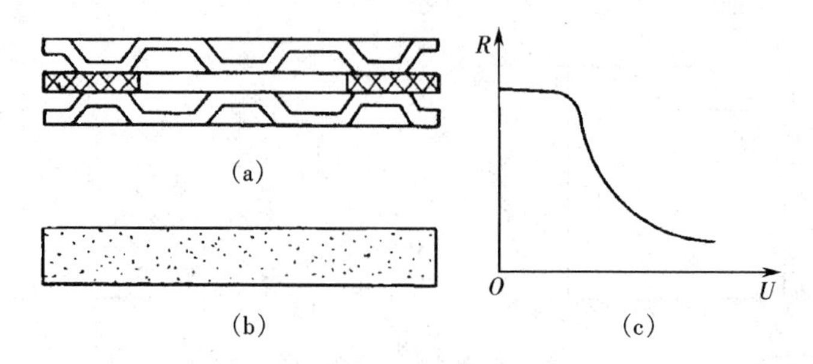

图 1-22 阀式避雷器的部件及特性

(a)单元火花间隙;(b)阀片;(c)阀电阻特性曲线

流。因此无须火花间隙来熄灭工频续流引起的电弧,而且在雷电过电压作用下,电阻又变得很小,能很好地泄放雷电流。

目前金属氧化物避雷器已广泛应用于低压设备的防雷保护。随着其制造成本的降低,它在高压系统中也开始获得推广应用。

(三)防雷措施

对于架空线路、变电所、高压电动机及建筑物的防雷措施,要根据国家有关规程架设避雷线以及装设避雷针或避雷器来防止雷害。

本章小结

①指示仪表主要由驱动装置、反作用装置和阻尼装置三部分组成。指示仪表按驱动原理分为磁电系、电磁系和电动系三种。

②仪表的准确度是指最大绝对误差与满刻度的比值。指示仪表按准确度分为 0.1、0.2、0.5、1.0、1.5、2.5 和 5.0 七个等级,级数越小,准确度越高。

③电工测量要根据实际需要确定所用仪表的种类和准确度等级,并按被测量的大小正确选择仪表的量程,以减小测量误差。

④测量直流电流、电压时,一般用磁电系仪表,接线时要注意接线端钮的正负极。测量交流电流、电压时,一般用电磁系仪表,也经常使用整流式磁电系仪表,还可用电动系仪表。测量电流时应把电流表串联在电路中,测量电压时应把电压表并联在电路中。测量前要选择合适的量程。

⑤测量电功率一般用电动系仪表,接线时要注意电流线圈的始端(标有 * 符号)和电压线圈的始端接于电源的同一端。单相交流电功率的测量方法与直流电功率一样。

⑥万用表是一种多用途、多量程的常用电工仪表。指针式万用表通过转换开关改变磁电系表头的分流电阻和附加电阻,用来测量不同量程的直流电流和电压,通过表内的整流二极管还可以测量交流电压。接通表内的电池,还可以测量电阻。在测量电阻前各挡必须先调零,使用完毕,应将量程开关拨到最高电压挡或空挡。使用数字万用表时,先接通表内电源开关,然后根据需要正确选择测量项目与量程,正确连接测量表笔。对于电阻挡,要特别注意红表笔插入 V/Ω 插孔为高电位,黑表笔插入 COM 孔为低电位。

⑦兆欧表是主要用来测量绝缘电阻的电工仪表,常用来检查电机、变压器等电气设备的绝

缘是否良好。使用前要根据被测设备选择合适的额定电压,将被测设备与电源(有电容的要充分放电)或其他设备隔离,同时预先检查兆欧表是否完好。

⑧重视安全用电,保护人身安全和设备安全。应了解人体触电的情况和安全用电的常识,采取安全用电措施,避免人身触电和设备事故。发现有人触电时,首先要使触电者迅速脱离电源,然后送医院抢救。

⑨了解雷害的成因及雷电过电压保护技术,有利于预防雷害及安全用电。

思考题

1.雷雨天某居住小区许多家庭的家用电器被烧坏,但并无雷电直接击中这幢楼房,估计是何原因造成这种情况?

2.一台三相电动机机座用钢螺钉固定在地基上,但仍然感到麻电,为什么?如何解决?

3.如果兆欧表输出电压高达 500 V 或 1 500 V,当两输出导线分别触及人的两只手时,会出现什么现象?人有无生命危险,为什么?

第二章　电气工程基本常识

由于电力在传输、分配、使用和控制等方面都比其他动力方便得多，因此电力拖动获得了广泛的应用。凡是由电动机拖动生产机械并完成一定工艺要求的系统，都称为电力拖动系统。电力拖动系统的主要组成包括控制设备、电动机、传动装置和生产设施。而电气工程就是实现该系统目标的综合过程。

控制设备是控制电动机的设备，是为了满足一定的加工工艺或运动需要而使电动机完成启动、制动、反转和调速等自动控制的电气控制部分。它由各种控制电器(如开关、熔断器、接触器、主令电器等)组成。

在电能的产生、输送、分配和应用中，起着开关、控制、调节和保护作用的电气设备称为电器。常用低压控制和配电电器是指工作在直流 1 200 V、交流 1 000 V 以下的各种电器。按动作性质可分为手动电器和自动电器两种。

本章主要介绍电气工程的基础环节——导线的选择、连接、安装等操作规范和标准。

第一节　导线的安全载流量

绝缘线的安全载流量见表 2-1，绝缘线与周围空气温度的校正系数见表 2-2。

表 2-1　塑料绝缘线和橡皮绝缘线(铜、铝)标称截面与安全载流量

标称截面	塑料绝缘线安全载流量(A)											
	明线敷设		穿管敷设						护套线			
			二根		三根		四根		二芯		三芯及四芯	
	铜	铝	铜	铝	铜	铝	铜	铝	铜	铝	铜	铝
1	18		15		14		13		14		11	
1.5	22	17	18	13	16	12	15	11	18	14	12	10
2.5	30	23	26	20	25	19	23	17	22	19	19	15
4	40	30	38	29	33	25	30	23	33	25	25	20
6	50	39	44	34	41	31	37	28	41	31	31	24
10	75	55	68	51	56	42	49	37	63	48	48	37
16	100	75	80	61	72	55	64	49				
25	130	100	100	80	90	75	85	65				
35	160	125	115	96	110	84	105	75				
50	200	155	163	125	142	109	120	89				

续表

标称截面	橡皮绝缘线安全载流量(A)											
	明线敷设		穿管敷设						护套线			
			二根		三根		四根		二芯		三芯及四芯	
	铜	铝	铜	铝	铜	铝	铜	铝	铜	铝	铜	铝
1	17		14		13		12		12		10	
1.5	20	15	16	12	15	11	14	10	15	12	11	8
2.5	28	21	24	18	23	17	21	16	19	16	16	13
4	37	28	35	26	30	23	27	21	28	21	21	17
6	46	36	40	31	38	29	34	26	35	26	26	21
10	69	51	63	47	50	39	45	34	54	41	41	32
16	92	69	74	56	66	50	59	45				
25	120	92	92	74	83	69	78	60				
35	148	115	115	88	100	78	97	70				
50	185	143	150	115	130	100	110	82				

表 2-2　校正系数表

周围空气温度(℃)	35	40	45	50	55
塑料绝缘线	1.00	0.93	0.85	0.76	0.66
橡皮绝缘线	1.00	0.91	0.82	0.71	0.58

注意事项如下：

①塑料绝缘线线芯的最高工作温度为 70 ℃，橡皮绝缘线线芯的最高工作温度为 65 ℃；

②电线周围环境温度为 35 ℃，实际空气温度高于 35 ℃时，导线安全载流量应乘以校正系数。

第二节　导线的连接

导线的连接是电气工作者应掌握的基本技能，连接质量的好坏直接影响电气设备的正常运行和人身安全。

一、对接合(装接)的要求

对接合的要求如下：

①导线接头处接触要紧密，接触处的电阻应不大于导线本身的电阻；

②导线接头处的机械强度应不低于原导线强度的 80%，耐蚀性和绝缘强度应与原导线相同，即接头处不得使绝缘降低，并保证运行后不受腐蚀；

③额定电流时接头处发热量应不超过相当截面导线的发热量。

二、导线绝缘层切剥工艺

切剥塑料绝缘层时，可用剥线钳、电工刀和钢丝钳完成。钢丝钳常用于截面在 4 mm^2 以下塑料线的绝缘层切剥。操作方法是：先按所需线头长度用钳口轻切塑料层(不要切着线芯)，然后用手握住钳头用力向外扯去塑料层，而另一只手握紧导线反向用力协同动作，如图 2-1(a)所示。导线截面较大时，可用电工刀切剥绝缘层。操作方法是：按所需线头长度，用刀口倾斜 45°切入绝缘层（但不可切着线芯），然后当刀面与线芯保持 25°时用力向外切去一条缺口，接着将留下的绝缘层剥离线芯，向后翻卷，用刀取齐切去，如图 2-1(b)所示。

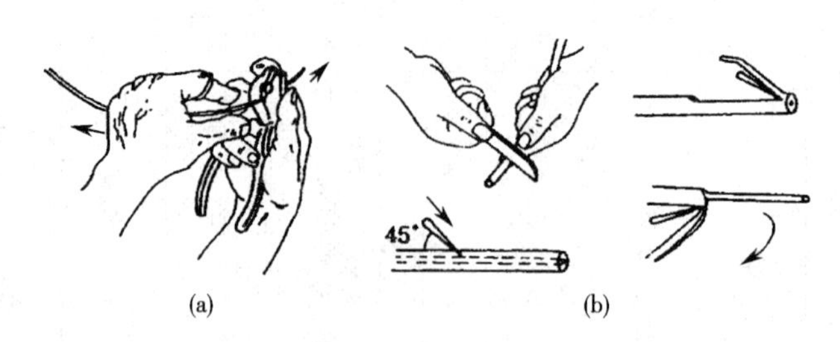

图 2-1　剥切工艺

(a)用钢丝钳剥离绝缘层；(b)用电工刀剥离绝缘层

双层橡皮线绝缘层一般采用分段切剥法。即先用电工刀绕导线轻切一圈剥去一层，再用相同方法剥去第二层，但在切第二层时，切削位置必须在第一层再向前一段（约 12 mm）。

切剥花线绝缘层时，首先将棉纱层从线端向里翻起，使露出橡胶层长度为所需的长度，然后用钳子剥去。

漆包线的去漆工艺一般有以下三种：第一种是燃烧去漆法，即在酒精灯上燃烧线端要去漆的部分，使漆皮碳化后迅速浸入乙醇中，取出后用干净棉花或布擦净；第二种是甲酸去漆法，将要去漆的导线放入室温甲酸溶液中，经数分钟后取出，用蘸有乙醇的棉花（布）将甲酸擦净即可；第三种是碱液去漆法，将需要去漆的导线放入 50%浓度的苛性钠液体中，经过一定时间取出后用蒸馏水洗去碱液（漆皮也同时去除）即可。

三、铜芯导线的接合方法

1. 直路接合

(1)单股导线的接合

1)绞接法　一般用于直径 2.5 mm 以下导线的接合。它是把两根导线互绞 3 转后，再分别在每一根线上紧密绕 5～6 圈，如图 2-2(a)所示。

2)绕卷法　用于导线直径大于 2.6 mm 的接合。先用钳子将两接合的裸导线稍作弯曲，相互结合，再在两导线间加一段直径为 1.5 mm 的裸线，同时再用相同的线作为绑线，从中间开始分别向两边绕卷，缠绕长度约为导线直径的 10 倍，然后把主线弯回贴紧，绑线继续再绕 5 圈，多余的线头剪去修平，如图 2-2(b)所示。

3)单卷法　通常用于粗细直径不一导线的接合。将细导线在粗裸导线的 1/2 处由外向里缠绕 5～6 圈，把粗导线弯成钩并压紧，再用细导线在粗导线的合并处绕 5～6 圈，剩下细导线剪去修平，如图 2-2(c)所示。

(2)多股绞合导线的接合

1)单卷法　此法用于任何粗细的多股导线。首先把剥裸的多股导线芯顺次分开成伞状（中心一股剪去），然后把分开的线头互相插嵌，使每股线完全接触后，再把分开的线合拢，并从中任取一股于中部绕 5～6 圈，另换一股，把原来的一股压在里面绕 5～6 圈。依此类推，绕至

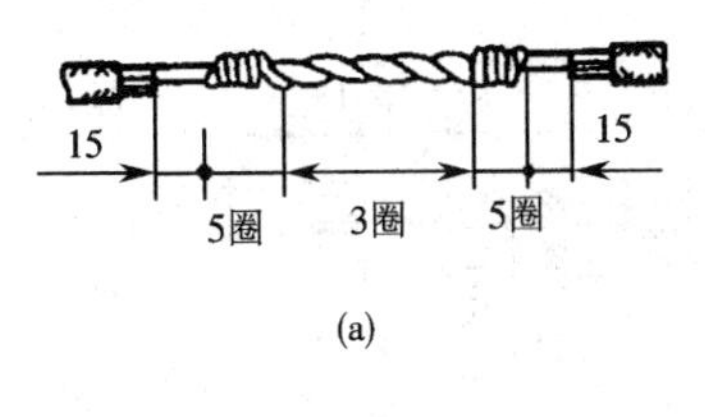

(a)

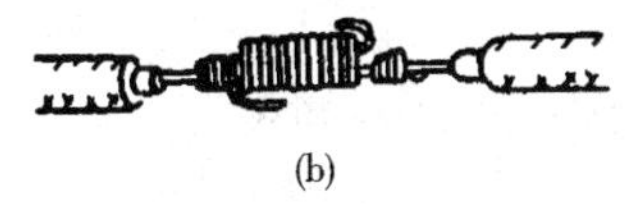
(b)

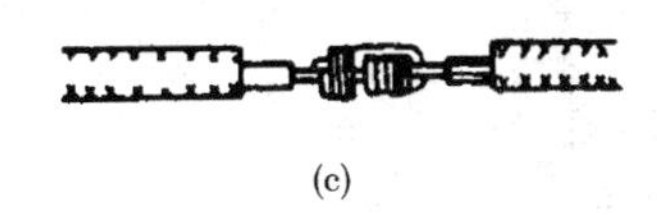
(c)

图 2-2　单股导线的直路接合
(a)绞接法;(b)绕卷法;(c)单卷法

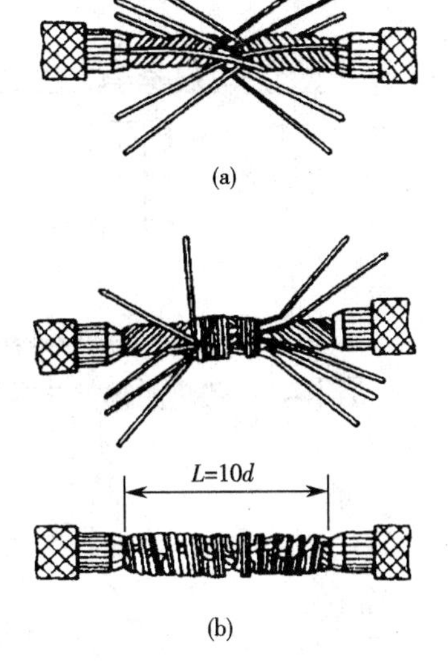

图 2-3　多股导线的直线接合
(a)单卷法;(b)卷绕法

导线未分开边为止,余线剪去,留下部分压紧平整。再用同样的方法绕另一端,如图 2-3(a)所示。

2) 卷绕法　先按单卷方法将导线芯分开,绞接,合拢成一股,然后用一根裸导线(ϕ1.6 mm)为绑线从中部开始用钳子紧密向一边绕卷到导线芯接近端部,缠绕长度约为导线直径的 10 倍,把线芯折弯压紧在绕卷层上面,再用绑线绕 5～6 圈,压紧,剪去多余线头。用同样方法绕另一端,如图 2-3(b)所示。

2. 分支接合

分支接合是指在一路输电线的中间分出另一路输电线路。

单股导线的分支接合通常采用绞接法,它主要用于导线直径小于 2.6 mm 的连接。接合时,先把支线与干线十字相交,支线在干线上结成一扣并抽紧拉直,然后紧密地在干线上缠绕 5～8 圈,剪去余线,用钳子把端部压平即成。若导线直径较粗,不易成结,可十字交叉后直接缠绕数圈压紧牢固即可,如图 2-4(a)所示。另一种分支接合是缠绕法。此法是先将支线弯曲成直角,然后将两线贴合,用裸导线紧密缠绕至一定长度（约为导线直径的 10 倍),如图 2-4(b)所示。

多股导线的分支接合通常采用缠绕法。即先将剥裸的支线弯成 90°贴在干线上,所用绑线一端也弯成 90°贴在干线上。绑线自支线弯曲处向前缠绕,缠绕长度为两导线直径的 5 倍。最后将绑线两头绞合,剪去多余绑线后用钳子压平,如图 2-4(c)所示。

为使接合处牢固,防止氧化和松动,铜导线接合后通常加焊。焊接的方法按导线截面大小而定。一般 10 mm^2 以下的导线接合处可用电烙铁加焊(无电源用火烙铁);16 mm^2 以上的导线接合处用浇焊法。在焊前必须除锈,焊后擦去焊渣,使接合处光亮。

3. 导线终端的装接

连接导线与电气设备(或仪表)时,一般是把线头接到接线柱上或压在螺钉上。对于导线截面在 10 mm^2 以下的单股线和截面在 4 mm^2 以下的多股导线及 2.5 mm^2 以下的软线,可将导线

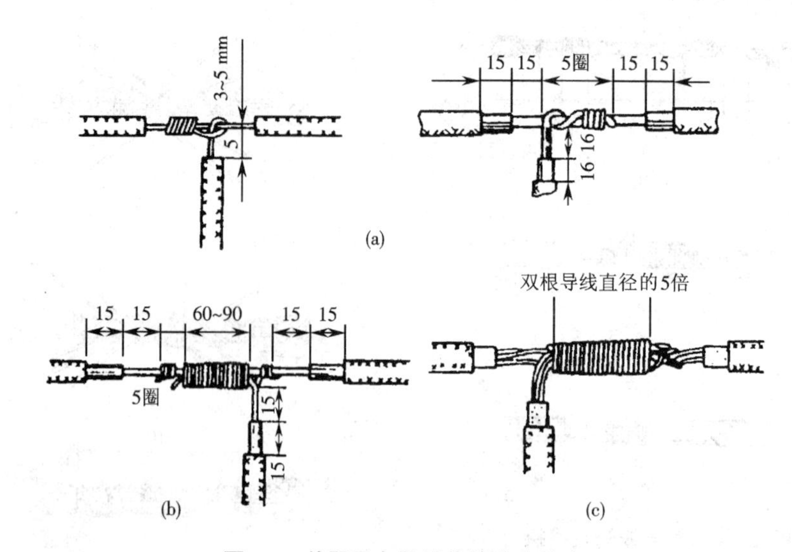

图 2-4　单股及多股导线的分支接合

(a)绞接法;(b)缠绕法(单股);(c)缠绕法(多股)

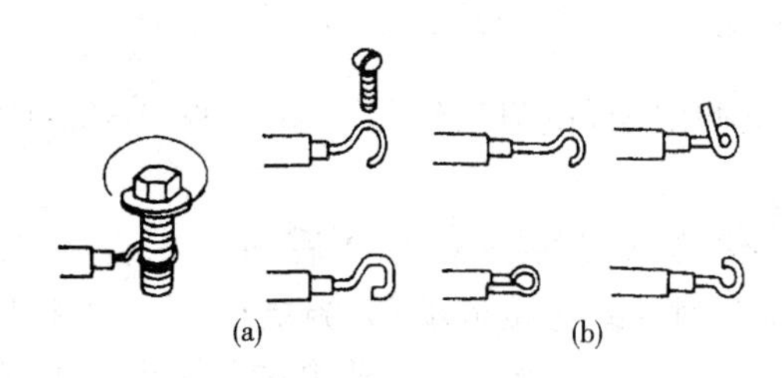

图 2-5　导线端头弯圆环连接

(a)正确接法;(b)不正确接法

端头剥去绝缘层后弯成一个圆环,圆方向与螺钉旋向一致,圆环大小要适当,接触要紧密,连接要牢固,如图 2-5 所示。

对于导线截面在 10 mm^2 以上的单股线以及 2.5 mm^2 以上的软线和 4 mm^2 以上的多股线,一般采用在线端头加焊线鼻子的方法。焊接铜线鼻子一般采用锡焊(也可压接)。焊接时,导线切剥长度应与铜线鼻孔深度相配合,先将线头镀锡,线鼻孔要用砂布擦净,再用烙铁或喷灯加热线鼻子,同时在鼻孔中涂焊剂和焊锡,待焊锡熔化后,把导线头插入孔内,冷却即成。

若采用压接法,要按导线截面选用相应的接线端子。将线芯插入铜端子孔内,用压线钳进行压接。

四、铝导线的连接(压接)

铝极易氧化,而表面形成的氧化铝膜的电阻率很高,所以铝导线不能采用铜导线的接合法。目前常用的连接方法有以下几种。

1)螺钉压接法　铝导线在连接前先用砂布擦试,去除氧化膜,并涂上中性凡士林,弯成圆圈套入螺钉内压紧。此法适用于线路负载较小的单股导线与灯口、开关和接线柱上的连接。

2)导线端加装线鼻　当导线截面较大或为多股线时,也采用装接铝线鼻的方法。铝线鼻与铝线的连接采用压接法。先将线芯打散分开(多股导线),分别对每一根导线用砂布擦去氧化层,然后均匀涂上中性凡士林,再用钳子夹圆并用铁丝绑紧,最后套入已去除氧化层的铝线鼻孔中,用压紧钳进行压紧连接。

3)压接管直线接合　对于负载较大的室内、外用多股芯线的直线接合,通常采用压接管接合。方法是:先将适应导线规格的压接管(钳接管)管孔内壁和接头表面的氧化层清除,然后把两导线头插入压接管内,用压接钳压紧。若为钢芯铝绞线,应在两线间垫一铝质垫片。它们的接合形式如图 2-6 所示。压接管上的压坑数和位置可查阅有关手册。

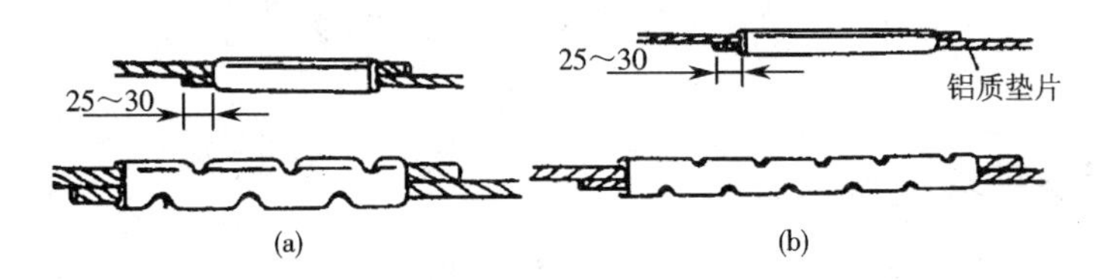

图 2-6　压接管接合形式

(a)铝绞线;(b)钢芯铝绞线

五、导线绝缘层的恢复

导线绝缘层破损后和导线接头连接后均应恢复绝缘。恢复后的绝缘强度不应低于原来的绝缘强度。黄蜡带、涤纶薄膜带和黑胶布是恢复绝缘层的材料。黄蜡带和黑胶布一般宽度为 20 mm,包扎也较方便。

1.绝缘带的包扎方法

将黄蜡带从导线左边完整的绝缘层处开始包扎,包扎两根带宽后方可进入无绝缘层的芯线部分,如图 2-7(a)所示。包扎时,黄蜡带与导线保持约 55°的倾斜角,每圈压叠带宽的 1/2,如图 2-7(b)所示。包扎一层黄蜡带后,将黑胶布接在黄蜡带的尾端,按另一斜叠方向再包扎一层黑胶布,每圈也压叠带宽的 1/2,如图 2-27(c)和(d)所示。

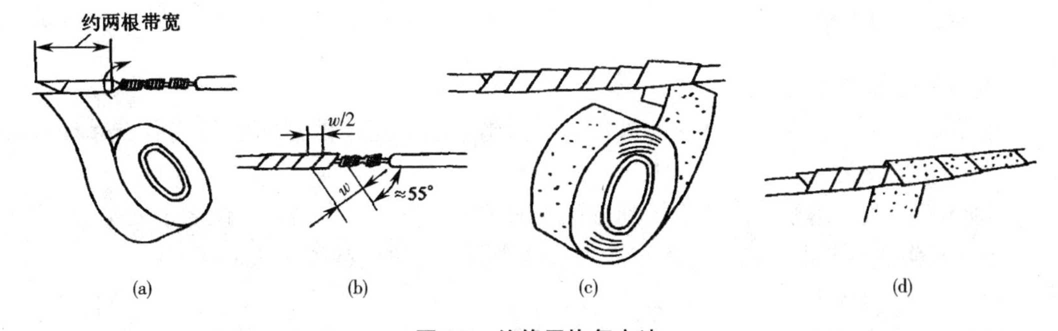

图 2-7　绝缘层恢复方法

(a)起始包扎位置;(b)包扎角度;(c)、(d)黑胶布包扎方法

2.注意事项

恢复绝缘时应注意以下问题:

①在 380 V 线路上恢复导线绝缘时,必须先包扎 1 ~ 2 层黄蜡带,然后再包 1 层黑胶布;

②在 220 V 线路上恢复导线绝缘时,先包扎 1 层黄蜡带,然后再包 1 层黑胶布,或者只包 2 层黑胶布;

③包扎绝缘带时,各包层之间应紧密相接,不能稀疏,更不能露出芯线;

④存放绝缘带时,不可放在温度很高的地方,也不可被油类侵蚀。

第三节　内线电工设计与安装

一、室内配线基本概念

室内线路配线可分为明敷和暗敷两种。明敷指导线沿墙壁、天花板、桁梁、屋柱等敷设。暗敷指导线穿管埋设在墙内、地坪内或顶棚里。一般来说，明配线安装施工和检查维修较方便，但室内美观度差，人能触摸到的地方不十分安全；暗配线安装施工要求高，检查和维护较困难。

配线方式一般分瓷（塑料）夹板配线、绝缘子配线、槽板配线、塑料护套线配线和线管配线等。下面介绍常用的绝缘子配线、塑料护套线配线和线管配线。

室内的电气安装和配线施工应做到电能传送安全可靠、线路布置合理美观、线路安装牢固。

绝缘子配线也称瓷瓶配线，是利用绝缘子支持导线的一种配线。绝缘子机械强度大，适用于用电量较大而又潮湿的场合。绝缘子一般有鼓形绝缘子、碟形绝缘子、针式绝缘子和悬式绝缘子。鼓形绝缘子常用于截面较细导线的配线；碟形绝缘子、针式绝缘子和悬式绝缘子常用于截面较粗的导线配线。

二、绝缘子配线

1.绝缘子配线的步骤

1)定位　定位工作在土建抹灰前进行。根据施工图确定用电器的安装地点、导线的敷设位置和绝缘子的安装位置。

2)画线　画线可用粉线袋或边缘刻有尺寸的木板条进行。在需固定绝缘子处画一个“×”号，固定点间距主要考虑绝缘子的承载能力和两个固定点之间导线下垂的情况。

3)凿孔　按画线定位凿孔。

4)安装木榫或木螺钉　安装木榫或埋设缠有铁丝的木螺钉，以固定鼓形绝缘子。

5)埋设穿墙瓷管或过楼板钢管　此项工作最好在土建时预埋，此时埋就非常麻烦。

6)固定绝缘子　在木结构墙上只能固定鼓形绝缘子，可用木螺钉直接拧入。在砖墙上或混凝土墙上用预埋的木榫和木螺钉固定鼓形绝缘子，也可利用环氧树脂黏结剂固定鼓形绝缘子，也有用预埋的支架和螺栓固定绝缘子。

7)敷设导线及导线的绑扎　先将导线校直，将一端导线绑扎在绝缘子的颈部，然后在导线的另一端将导线收紧，绑扎固定，最后绑扎固定中间导线。

2.绝缘子配线注意事项

绝缘子配线注意事项如下：

①平行的两根导线应在两个绝缘子的同一侧或在两绝缘子外侧，严禁将导线置于两绝缘子的内侧；

②如导线在同一平面内弯曲，绝缘子须装设在导线的曲折角内侧；

③导线不在同一平面上弯曲时，在凸角的两个面上应设两个绝缘子；

④在建筑物的侧面或斜面配线时，必须将导线绑在绝缘子的上方；

⑤导线分支时,在分支点处要设置绝缘子,以支持导线;

⑥导线相互交叉时,应在距建筑物近的导线上套绝缘保护管。

三、塑料护套线配线

塑料护套线是指具有塑料保护层的双芯绝缘导线。这种导线具有防潮性能良好、安全可靠、安装方便等优点。塑料护套线可以直接敷设在墙体表面,用铝片线卡(俗称钢精扎头)作为导线的支持物,被广泛采用在小容量电路中。

1.塑料护套线的配线步骤

1)画线定位　先确定电器安装位置和线路走向,用弹线袋画线,每隔 150 ~ 300 mm 画出铝片线卡的位置,距开关、插座、灯具、木台 50 mm 处设置线卡的固定点。

2)固定铝片线卡　在木结构和抹灰浆墙画有线卡位置处用小铁钉直接将铝片线卡钉牢,但对于抹灰浆墙每隔 4 ~ 5 个线卡位置或转角处及进木台前需凿眼安装木榫,将线卡钉在木榫上。对于砖墙或混凝土墙可用木榫或环氧树脂黏结剂固定线卡。

3)敷设导线　护套线应敷设得横平竖直,不松弛,不扭曲,不可损坏护套层。将护套线依次夹入铝片线夹中。

2.塑料护套线配线的注意事项

塑料护套线配线时的注意事项如下:

①塑料护套线不得直接埋入抹灰层内暗配敷设;

②室内使用的塑料护套线配线的铜芯截面不得小于 0.5 mm^2,铝芯不得小于 1.5 mm^2;

③室外使用的塑料护套线配线的铜芯截面不得小于 1.0 mm^2,铝芯不得小于 2.5 mm^2;

④塑料护套线不能在线路上直接剖开连接,应通过接线盒或瓷接头(或借用插座、接线柱)连接线头;

⑤护套线转弯时,转弯前后各用一个铝片线卡夹住,转弯角度要大;

⑥两根护套线相互交叉时,交叉处要用四个铝片线卡夹住,护套线尽量避免交叉;

⑦穿越墙或楼板及离地面距离小于 0.15 m 的一般护套线应加电线管保护。

四、线管配线

把绝缘导线穿在管内的配线称为线管配线。线管配线有耐潮、耐腐蚀及导线不易受到外部伤害等优点,但安装、维修不方便,适用于室内外照明和动力线路的配线。

1.线管配线的步骤

(1)线管的选择

①应根据使用场所选择线管类型。对于潮湿和有腐蚀气体的场所选择管壁较厚的镀锌铁管;对于干燥场所采用管壁较薄的电线管;对于腐蚀性较大的场所一般选用硬塑料管。

②应根据穿管导线的截面和根数选择线管的直径,导线的总截面(包括绝缘层)不应超过线管内径截面的 40%。

(2)线管的敷设

根据用电设备位置设计好线路的走向,尽量减少弯头。用弯管机制作弯头时,管子弯曲角度一般不应小于 90°,要有明显的圆弧,不能弯瘪线管,以便于导线穿越。硬塑料管弯曲时,先将硬塑料管用电炉或喷灯加热到塑料管变软,然后放到毛坯具上弯曲,用湿布冷却后成形。

(3)线管的固定

线管明线敷设时,采用管卡支持。当线管进入开关、灯头、插座、接线盒前300 mm处,线管弯头两边需用管卡固定。线管暗线敷设时,用铁丝将管子绑扎在钢筋上或用钉子钉在模板上,将管子用垫块垫高,使管子与模板之间保持一定距离。

(4)线管的接地

安装线管配线的钢管必须可靠接地。

(5)线管穿线

线管穿线步骤如下:

①先将管内杂物和水分清除;

②选用直径1.2 mm的钢丝做引线,钢丝一头弯成小圆圈送入线管的一端,由线管另一端穿出,在两端管口加护圈保护并防止杂物进入管内;

③按线管长度加上两端连接所需长度余量截取导线,削去导线绝缘层,将所有穿管导线的接头与钢丝引线缠绕,同一根导线的两头作上记号,将导线穿入线管。

2.线管配线时的注意事项

配线时注意事项如下:

①穿管导线的绝缘强度不低于500 V,铜芯线导线最小截面为1 mm^2,铝芯线导线最小截面为2.5 mm^2;

②线管内导线不准有接头,也不准穿入绝缘破损经过包缠恢复绝缘的导线;

③交流回路中不允许将单根导线单独穿于钢管,以免产生涡流引起发热,同一交流回路中的导线必须穿于同一钢管内;

④线管线路应尽可能减少转角和弯曲,管口、管子连接处均应做密封处理,防止灰尘和水汽进入管内,明管管口应装防水弯头;

⑤管内导线一般不得超过10根,不同电压或不同电能表的导线不得穿在一根线管内,但一台电动机包括控制和信号回路的所有导线及同一台设备的多台电动机的线路允许穿在同一根线管内。

五、内线安装操作

1.安装方案

内线是在室内将电能输送到用电器的线路。内线安装的质量不仅取决于电路本身,还取决于电工的技术水平以及正确的施工要求和施工工艺。

2.安装要求

室内配线的基本要求如下。

①不同电价的用电线路应分别安装并有明显区别。特别是动力线路和照明线路,电价不同,应分别计量用电量。

②低压线路和设备在一个区域安装时,应有明显区别,必要时用文字或符号标注。

③在低压供电系统中,禁止用大地作零线,可采用三线一地制、两线一地制或一线一地制。

④导线的电压应大于线路工作电压(峰值),导线横截面应能满足线路最大载流量和机械强度的要求,导线的绝缘性能应能满足敷设方式和工作环境的要求。

⑤导线敷设时尽量避免接头。若是管道配线,无论什么情况都不允许在管内做接头,接头

只能放在接线盒内。导线接头和分支处都不应受到机械压力,特别是拉力作用。

⑥线路沿建筑物敷设时,应保持横平竖直。水平敷设时,对地距离不小于 50 mm;竖直敷设时,最下端对地距离不小于 30 mm。如情况特殊,无法满足上述尺寸时,应加钢管保护。

⑦线路穿越楼板时,应加钢管保护。钢管上端距楼板 2 cm,下端以刚刚穿出楼板为界。导线穿墙时应加穿套保护,套管两端出墙度不小于 10 mm,以防导线直接接触墙面而受潮。当导线沿墙敷设时,导线与墙体距离不小于 10 mm,在跨越墙体伸缩缝处应留有伸缩余量。

3.安装内容和步骤

(1)室内配电

由于室内用电容量大小不同,所以我国室内配电常用 220 V 单相制和 380 V 三相四线制。220 V 单相制供电适于小容量的场合(如家庭、小实验室、小型办公场所),它由一根相线(火线)和一根零线构成单相供电回路。一般在 380 V 三相四线制中取出一相(火线)和一根零线即可。在容量较大的场所,如车间、礼堂、机关、学校等采用 380/220 V 三相四线制供电。在进行线路设计时,应将用电负荷尽可能平均分配在三相,分别由三相电源供电,使三相负荷尽可能平衡,这样每相对地为 220 V 的相压电。对于完全对称的三相负载(如三相电动机、三相电阻炉等),可用三相三线制供电。

在安装内线时,由于环境条件和敷设方式不同,使用导线型号和横截面积也不一样。表 2-3 列出了室内配线线芯供参考。

表 2-3 室内配线线芯最小允许横截面

敷设方式及用途	线芯最小允许横截面(mm²)		
	铜芯软线	铜线	铝线
①敷设在绝缘支持件上的绝缘导线,支持点间距为:			
1 m及以下 室内		1.0	1.5
1 m及以下 室外		1.5	2.5
2 m及以下 室内		1.0	2.5
2 m及以下 室外		1.5	2.5
6 m及以下		2.5	4.0
12 m及以下		2.5	6.0
②穿管敷设的绝缘导线	1.0	1.0	2.5
③槽板内敷设的绝缘导线	1.0	1.0	2.5
④塑料护套线敷设	1.0	1.0	2.5

另外,线路的载流量(负载电流)、机械强度、允许电压损失是决定导线横截面积大小的主要因素。现将室内配线所允许的最小横截面列于表 2-4 中。

(2)室内照明

由于固定灯具挂线盒内的接线柱承重较小,导线在挂线盒出口内侧应打结以承受灯具重量。吊链式和吊管式灯具一般较重。在安装暗管配线时,用吊管式更为美观方便。壁式灯具简称壁灯,通常安装在墙壁和柱上。为了安装牢固,根据情况安装木榫、膨胀螺栓等紧固件,然后才能固定灯具。灯具至天花板的距离应根据室内空间高度考虑,通常为 0.3 ~ 1.5 m,一般住宅选 0.3 m。

普通灯开关及普通插座距地面的高度为 1.5 m,如因特殊情况,欲将插座降低时,开关中心高度不能低于 150 mm,并换用安全插座。现将灯具安装参考标准列于表 2-5 中。

表 2-4 常用导线的型号、名称和用途

型号	名 称	用 途
BV	聚氯乙烯绝缘铜芯线	交直流电压下的室内照明和动力线路以及室外架空线路
BLV	聚氯乙烯绝缘铝芯线	
BX	铜芯橡皮线	
BLX	铝芯橡皮线	
BLXF	铝芯氯丁橡皮线	
LJ	裸铝绞线	室内高大厂房绝缘子配线和室外架空线
LJG	钢芯铝绞线	
BVR	聚氯乙烯绝缘铜芯线	活动不频繁场所的电源连接线
BVS (RTS)	聚氯乙烯绝缘双根铜芯绞合软线 (丁腈聚氯乙烯复合绝缘)	交、直流额定电压及以下的移动式吊灯电源连接线
RVB (RFS)	聚氯乙烯绝缘双根平行铜芯软线 (丁腈氯乙烯复合绝缘)	
BXS	棉纱编织橡皮绝缘双根铜芯绞合软线(花线)	交、直流额定电压及其以下的吊灯电源连接线
BVV	聚氯乙烯绝缘和护套铜芯线(双根或三根)	交、直流额定电压及以下的室内外照明和小容量动力线路的敷设
BLVV	聚氯乙烯绝缘和护套铜芯线(双根或三根)	
RHF	氯丁橡套铜芯软线	室内外小型电气工具的电源连线
RVZ	聚氯乙烯绝缘和护套铜芯软线	交流额定电压及以下移动式用电器的连接

表 2-5 灯具安装参考标准

光源种类	灯具类型	灯具保护角	灯泡功率(W)	最低悬挂高度(m)
白炽灯	带反射罩	10°~30°	≤100	2.5
			150~200	3.0
			300~500	3.5
			>500	4.0
	乳白玻璃漫射罩		≤100	2.0
			150~200	2.5
			300~500	3.0
荧光灯	无罩		≤40	2.0
高压汞灯	带反射罩	10°~30°	250	5.0
			≥400	6.0
碘钨灯	带反射罩	≥30°	1 000~2 000	6.0 7.0

六、电气开关、插座安装高度的控制

在建筑电气安装工程中,控制安装开关和插座的高度并非易事。开关、插座安装高度控制不良的原因,不一定是操作人员工作不认真。安装前均以土建单位抹灰前在内墙弹出的 50 cm 线和墙上的抹灰标筋为依据确定盒子安装的高度,然后敷埋管盒(此时地面尚未做)。既然安装时是以 50 cm 线为依据,为什么竣工验收时还会超出允许偏差呢?这主要是安装和验收时测量的参照点不同所致。安装盒子时以 50 cm 线为依据，验收时以所在地面或踢脚线上口为测量基准点。按《建筑工程质量检验评定标准》(GBJ 301—88)，整体楼地面面层的允许偏差如表 2-6，按《建筑电气安装工程质量检验评定标准》(GBJ 301—88)，照明器具、配电箱(盘、板)安装允许偏差见表 2-7。

假设施工时土建和安装的允许偏差都在允许范围之内，由于安装验收时的测量参照点已改为以地面为准(此时 50 cm 线已不存在)，如果赶上某一盒子所处位置的地面是负偏差，而盒子安装是正偏差，则同场所内的开关和插座的偏差已是两个表格的允许偏差之和。

以普通水磨石地面为例：以 50 cm 线为基准计算，准确的开关离地面高度应为 h，某开关所处位置的地面为负偏差 3 mm，开关为正偏差 5 mm，则实测开关至地面的距离为 $h-(-3)+5=h+8$(mm)。

由此看来，抹灰前依据 50 cm 线确定开关盒的高度并不是最好的办法(但也没有其他可参照的依据)。何况水磨石地面靠墙根部分是施工的薄弱环节，其表面平整度偏差数值往往偏大，这更使以该处为基点实测开关高度的偏差加大。

为了一次达到优良标准，并能符合有关质量检验评定的要求，可采取以下办法得到较好的效果。

1. 安装于砖墙

在同一场所内，若开关和插座的数量较多，砌筑预埋线管或抹灰前剔槽卧管时，按 50 cm 线确定预留电线盒的大概位置，使其预留洞略大于设定安装盒的尺寸(每边可大 10 ~ 15 mm)。如果电线保护管是 PVC 管，管子的长度可多留 2 ~ 3 cm，待注盒后，将多余部分锯掉。在做完地面而墙体尚未抹面前，集中力量安装开关盒，安装高度以所在地面为准测量画线。如果预留洞的位置略有偏差，此时尚可改动。

2. 安装于混凝土柱、墙板等处

在浇筑混凝土前，必须把这些部位的线管和接线盒先按设定的位置敷设并固定牢固。为避免开关和插座盒的安装高度超差，将聚苯乙烯泡沫板裁成比设定盒(箱)略大的方块代替盒(箱)，将线管封口按要求位置插入泡沫块体，将其牢固地安装在欲浇筑混凝土的模板部位。待电气安装条件成熟时，取出聚苯乙烯泡沫块，在此位置上安装盒或箱。

表 2-6　整体楼地面面层的允许偏差和检验方法

项次	项目	允许偏差(mm)							检验方法
		细石混凝土、混凝土(原浆抹面)	水泥砂浆	沥青混凝土、沥青砂浆	普通水磨石	高级水磨石	碎拼大理石	钢屑水泥菱苦土	
1	表面平整度	5	4	4	3	2	3	4	用 2 m 靠尺和楔形塞尺检查
2	踢脚线上口平直	4	4	4	3	3	—	—	拉 5 m 线，不足，拉通线和尺量检查
3	缝格平直	3	3	3	3	2	—	3	

表 2-7 照明器具、配电箱(盘、板)安装允许偏差和检验方法

项次	项目			允许偏差(mm)	检验方法
1	箱、盘、板垂直度	箱(盘、板)体高 50 cm 以下		1.5	吊线,尺量检查
		箱(盘、板)体高 50 cm 及其以上		3	
2	照明器具	成排灯具中心线		5	拉线,尺量检查
3		明开关、插座的底板和暗开关、插座的面板	并列安装高差	0.5	尺量检查
			同一场所高差	5	
4			面板垂直度	0.5	吊线,尺量检查

第四节 配电箱的施工安装及工艺质量

配电箱的施工安装工艺需按照相关验收规范和标准执行,以便提高质量。

一、选取配电箱成套产品的重要性

在建筑电气安装工程中,生产厂家成套配电箱的产品质量对配电箱的施工安装工艺质量有着重要影响。因此,选择信誉良好、质量上乘的配电箱生产厂家尤为重要。购买设备时,既要考察厂家的技术能力、供货能力,又要兼顾工程项目的投资成本和预算。

二、提高配电箱施工安装工艺质量的技术要点

施工单位必须按照《建筑电气安装工程施工质量验收规范》GB 50303—2002 有关规定,结合施工图的设计要求和工程的实际场地需要,进行配电箱的定型、采购和施工安装。

1.选择正确的安装位置

在确定配电箱安装位置时,应根据施工图进行立体空间构思或到施工现场观测,既要满足使用方便,又不影响美观。要求明装配电箱不能装在阻碍行人出入或阻碍门扇开启的地方,暗装配电箱不能装在过于“碍眼”的部位。然后进行配电箱外形、规格的初步确定,并以此作为生产厂家最后定型的技术参考数据。

2.按规范确定安装高度

根据规范,配电箱底边位置距地面高度一般为 1.5 m,但也可视实际需要,经设计者同意后适当调整。但同一项工程,特别是同一场所的配电箱的安装高度应统一。

3.平稳安装,准确开孔

配电箱必须平稳。根据检验标准,体高小于 50 cm 的垂直允许偏差为 1.5 mm,体高等于或大于 50 cm 的垂直允许偏差为 3 mm。安装明配电箱时,根据底板安装孔位置用弹线或尺量的方法确定好金属膨胀螺栓的埋设位置,然后用冲击钻按位钻孔。孔位的大小、深度应以螺栓规格为准,孔(洞)平直不歪斜后再埋入膨胀螺栓。最后,将配电箱按照螺栓位置安装或挂装,并在箱底拧紧螺母固定。安装暗配电箱时,应先配合土建单位进行预留洞位的施工,待电气工程施工正式铺开后,再将配电箱装入预留洞位中,并进行高度及平整度校正,然后用水泥砂浆填实边缘并抹平。另外,配电箱的进、出线开孔位置应根据箱体安装的形式和箱体规格用钢尺度量确定,位置要精确无误,然后开孔并将切口毛刺锉平。当进线为明配(多用在明装配电箱)

时，进线管（槽）与配电箱的连接应严密紧固，管内导线不外露，并用锁紧螺母连接。

4.按照规范选择导线颜色

为配电箱配线时，不论单相和三相，电源进线、负荷线和箱内电气元件的连接线均应按规范选取颜色。黄绿双色线作为保护地线，蓝色为中性线（零线）的专用颜色。

5.排列整齐、绑扎成束地进行箱内接线

在电气工程施工中，箱内进出导线和电气元件连接的导线经常出现没有排列整齐、没有绑扎成束的现象，这是质量通病，也是评价配电箱施工质量的一个重要因素。因此，施工人员在安装配电箱进、出线以及内部导线时要精细、严密，箱内电气元件的导线连接排列要横平竖直、整齐美观，弧段或转角位置的弯曲半径应不小于导线外径的6倍，并将各组连接线及导线余量绑扎成束。然后，恰如其分地向四周或空隙位置排布。排布要密实稳固不下坠。

6.导线的连接牢固紧密，箱体有安全可靠的中性线接线端子和保护接地接线端子

按照规范要求，导线与电气元件接线端子连接必须配装弹簧介子，并达到牢固紧密的要求。如果导线特别是相线与开关等元件的连接不紧密牢固，就易形成电弧，甚至烧毁开关等电气元件，甚至形成短路故障等。同时，如果箱内保护地线（PE线）之间的连接不紧固或缺保护地线，发生电气故障时容易使金属箱体带电，形成触电事故。导线、电源进线和负荷出线与电气元件的连接必须紧密牢固、不松动，导线的剥塑长度应合适，芯线不外露，多组导线的断接要压接紧密，然后搪锡，并作符合规范的二次绝缘包扎处理。另外，配电箱应有齐备的中性线接线端子，箱体和带电器具的箱门必须具有牢固可靠的保护接地接线端子。

7.保持箱内外整洁，清晰标注箱面编号

在安装配电箱过程中，会产生灰尘和碎屑等杂物，而且，由于施工时不注意，箱体及箱内各电气元件往往会粘有污垢。因此，施工人员在配电箱安装完毕后，应清除箱内碎屑、杂物，保持箱内外干净整洁，再装上箱盖。然后，在配电箱箱面清晰标注各仪表、开关和熔断器等电气元件及电气回路的用途及编号。

三、施工现场配电要求和常见问题

施工现场的配电箱是分配和控制电能的重要电气设备，是保证施工现场安全用电、优质用电的关键。《施工现场临时用电安全技术规范》（JGJ 46—88）对配电箱的设置、使用和维护提出了很多要求，以下内容还应引起重视：

①应有明显标志，防灰尘，防雨雪，箱顶有坡有檐，耐机械损伤，防冲防砸；

②箱内无杂物，箱门应加锁保护；

③应设有短路和过载保护装置；

④为了实现“三级配电两级漏保”，一般采用“一机一闸一漏”的配置原则；

⑤三相电源和单相电源分开控制；

⑥动力线路和照明线路分开设置；

⑦电源线开关的间断点应明显可见；

⑧根据实际需要设检测仪表，整个箱内电气设备布局按照规范尺寸的要求各留一定空隙，并应便于检修和保养。

上述原则要求是全面的。按照这些要求去做，可以保证安全用电。但是不少工地在实际操作时，没有严格执行此规范，常见问题如下：

①箱内缺乏接线图,给使用和检修带来不便;

②箱体为木质的,可燃,遇水不绝缘,不防雨,易发生事故;

③采用带有隔离防护罩的电器元件,带电部分外露,操作间距过小,易发生触电事故;

④配电箱内照明电源与动力电源没有分开;

⑤电气控制系统用一闸控制两个以上的插座;

⑥配电箱没有实行总路漏电保护,或电气设备没有安装漏电保护开关(漏电保护开关的漏电动作电流规定值为 30 mA,漏电动作时间不能保证少于 0.1 s);

⑦配电箱多用熔断器或保险丝实行短路保护,若熔丝选择不当,起不到保护作用;

⑧金属箱体没有用专用箱体接地线,雨季时没有经常检查连接点并除锈防松动,使箱体保护失效;

⑨动力开关没有采用空气开关和漏电保护开关,而是随意采用瓷座闸刀开关;

⑩箱内电器选型不够合理。

第五节 住宅电气的布置与安全

近年来,随着我国人民生活水平的迅速提高,大量住宅中现有的用电设备容量与高速发展的居民用电量极不适应,导致电气火灾和人身电击事故逐年上升,严重威胁着人民的生命财产安全,应当引起高度关注。因此,装修新居时,必须充分考虑住宅内电气设施的安全和发展的可能性。

一、住宅用电负荷的确定

确定住宅用电负荷在住宅电气设计中尤为重要。近年来,家庭安装使用的电气设备越来越多,如空调器、暖风机、微波炉、消毒柜、电脑、大功率家庭影院、DVD 和 EVD 影碟机等等,使家庭用电负荷大幅度上升。大幅上升的家庭用电负荷在用电高峰期可能造成开关跳闸、熔断器熔断,甚至电路因超负荷而烧毁或引起火灾,因而难以保证住宅供电的安全与可靠。因此,确定住宅用电负荷必须具有“超前”意识。目前,电气设计中一般按每户的住宅面积确定住宅用电负荷。

按供电局推荐,一般住宅的安装容量为 6 kW/户。对于面积较大的高级住宅,安装容量通常大于 10 kW。专家认为,考虑到今后用电量的迅递增加,现在一般住宅用电负荷设计容量应高于 6.8 kW。

二、用电负荷对电线的要求

根据用电负荷对电线的要求,按照建设部制定并实施的新的住宅标准规定,每套住宅进户线横截面不应小于 10 mm^2,室内灯具用 1.5 mm^2 的线,开关、插座用 2.5 mm^2 电线,而对于安装空调等大功率电器的线路则应单独走线,截面应为 4 mm^2。对于厨房,除设置较多的插座外,供电容量也应适当增加,可视住宅面积大小选 BV-3 × 4 mm^2 导线。在具体选用住宅电缆电线时,一般住户进户开关额定电流选 32 A 或 40 A,进户线为截面不小于 6 mm^2 的铜芯绝缘线,通常设计为 BV-3 × 10 mm^2,室内的配线不小于 2.5 mm^2。否则,电线处于超负荷状态运转,容易加快电线绝缘层的老化速度,如果电线芯放出的热量使绝缘层的温度超过 250 ℃,就可能引起火灾。

三、配电盘的布置

住宅进户线进入配电盘时，盘上应装有熔断器。当熔断器保险丝的电流超过允许的安全数值时就会熔断，炽热的熔珠掉落易引燃物品。因此不能将配电盘布置在堆放有可燃物品的上方。保险丝的熔断电流通常为额定电流的 1.5 ~ 2.0 倍。当用电器总功率之和不超过 1 100 W 时，选择 5 A 的保险丝，当通过用电器的电流超过 7 A 时，就会自动熔断达到保护的目的。家用保险丝应根据电容量的大小选用。选用 5 A 的电表时，保险丝应大于 6 A 小于 10 A；选用 10 A 的电表时，保险丝应大于 12 A 小于 20 A。也就是说保险丝的容量是电表容量的 1.2 ~ 2.0 倍。如果选用的保险丝符合规格但又经常熔断，应及时查找原因，切不可随意更换粗保险丝或干脆用铜、铁丝代替，使熔断器起不到保护作用。选择单相电度表也要参照用电总功率，只要保证用电时通过它的总电流不超过电表的额定电流就可以了。为了防止电击事故，还应安装漏电保护器（RCD）。《住宅设计标准》（GB 50096—1999）（简称《住规》）规定，住宅总电源进线断路器应具有漏电保护功能。这是因为接地电弧短路（即接地故障）是常见多发的电气火灾起因，但电弧短路的电流小，一般的断路器或熔断器不能及时切断电源，而具有漏电保护功能的断路器对电弧短路电流有很高的动作灵敏度，能及时切断电源防止火灾发生。为保证与插座回路 BCD 的选择性，住宅总电源的跳闸的漏电动作电流一般规定为 30 mA 或 50 mA 并有一定的延时，达到与插座回路 BCD 在时限上有选择性配合。当家中发生人员触电事故时，它可以及时动作并切断电流。

四、合理的住宅布线

合理的家居布线是家庭安全舒适生活的基本保证。应满足四个要求；一是保证使用者的安全；二是保证家用电器都可以正常使用；三是确保使用方便；四是保证线路的使用时间不低于住宅使用寿命。对于整个住宅线路来说，建议住宅中置有 5 个以上的回路，同时根据使用面积进行配置。照明回路可走两路或多路；电源插座走三至四路；厨房和卫生间各走一独立回路；空调回路走两至三路（一个空调回路最多带两部空调）。这样做的好处是一旦某一线路发生短路或出现其他问题时，停电范围小，不会影响住宅中其他线路的正常工作，既方便又安全。

为了保证安全用电，住宅中插座的数量也应具有“超前”意识。新的国家标准规定：住宅中插座数量不应少于 12 个，但这只是保障安全的基本要求。在参考发达国家和地区的电气标准的基础上建议，室内墙上固定插座数量为：卧室（每间）电源插座 4 组，空调插座 1 组；厨房电源插座 5 组，排气扇插座 1 组；走廊电源插座 2 组；阳台电源插座 1 组。每组插座为一个单相二孔和一个单相三孔组合。为防儿童触电，对儿童容易触摸到的插座，应选用带有保险挡片的安全插座，电冰箱、空调器应使用各自独立的并带保护接地的三线插座；卫生间湿度大，不宜安装普通插座而应选用防溅水型插座。

在布线过程中，要遵循“火线进开关，零线进灯头”的原则。插座接线要做到“左零右火，接地在上”的原则。漏电保护器（RCD）是防触电事故的有效措施之一。我国现有 RCD 可分为机械式、电动式、电子式（电压型和电流型）。经过二十多年的应用实践证明，电子式电流型 RCD 以动作灵敏、抗干扰性好、耐高低温、性能稳定、保护功能多、安装使用简便等优点获得普遍应用。它除起漏电保护作用外，还兼有以下保护功能：

①当主电路的工作电流超出额定电流 1.3 倍时或短路电流达到额定电流 10 倍时，漏电保护开关均能可靠动作，以保护电气设备；

②RCD 具有监控和切除一相接地故障，并防止因漏电而引起电气火灾事故的功能。

房间电源插座的合理安装位置如图 2-8 所示。

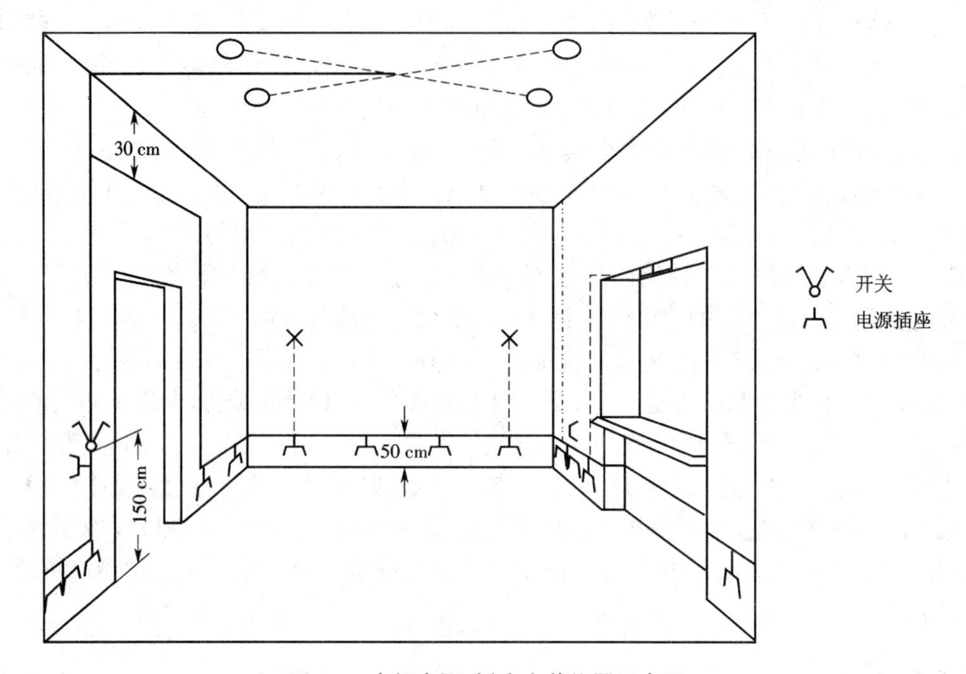

图 2-8 房间电源、插座安装位置示意图

本章小结

①了解导线的安全载流量，掌握导线的连接工艺要求和技术。

②了解室内配线的基本概念，掌握室内配线的设计与安装。

③了解配电箱的施工安装和工艺质量。

④了解用电负荷的确定方法以及对导线和配电箱的要求，掌握住宅电气设备的布置与安全要求。

第三章　常用低压电器

工作在交流电压 1 200 V、直流电压 1 500 V 及以下电路中起通断、保护、控制或调节作用的电器通称为低压电器。它是一类结构各异、品种繁多、用途广泛的基础配套元件。无论是在专用设备中，还是在通用的电力输配电系统和电力拖动控制系统中，它们都起着重要作用。

低压电器分类方法很多。按用途可分为低压配电电器和低压控制电器两大类。低压配电电器包括刀开关、转换开关、熔断器和自动开关等；低压控制电器包括接触器、继电器、主令电器、控制器等。低压电器按动作方式可分为手动电器和自动电器。前者是用手操作进行电路的切换，后者是由电器自身参数的变化或外来信号的作用进行电路切换。低压电器按执行机构中有无触点又可分为有触点电器和无触点电器。目前，有触点电器仍占多数，但随着电子技术的不断发展，体积小、重量轻、安全可靠、使用方便的无触点电器将不断得到应用，以适应电气控制系统的现代化。

本章主要介绍电气控制设备中几种常用的低压电器的结构、工作原理、常用型号以及使用、维修方法。

第一节　开关

一、刀开关

刀开关有 HD、HS、HR、HH 及 HK 系列之分。刀开关文字和图形符号如图 3-1 所示。

HD、HS 系列刀开关在交流 50 Hz、380 V 额定电压或直流额定电压 400 V、1 500 A 以下低压配电装置中用于隔离电源或不频繁地手动接通和分断交、直流电路。

HR 系列熔断式刀开关一般在交流 50 Hz、额定电压 380 V 或直流额定电压 400 V、额定电流 100 ~ 600 A 企业配电网络中起短路保护作用，并在正常供电情况下不频繁地接通和分断电路。

HH 系列负荷开关（铁壳开关）常用于交流 50 Hz、500 V 电压、400 A 电流以下的各种电气装置和配电设备中，供手动不频繁地接通与分断带负荷电路，起短路保护作用。

HK 系列开启式负荷开关（胶盖闸）是最常见的一种刀开关，外形如图 3-2 所示。它一般用于额定电压 380 V、额定电流 60 A 及以下线路中，具有短路保护作用。

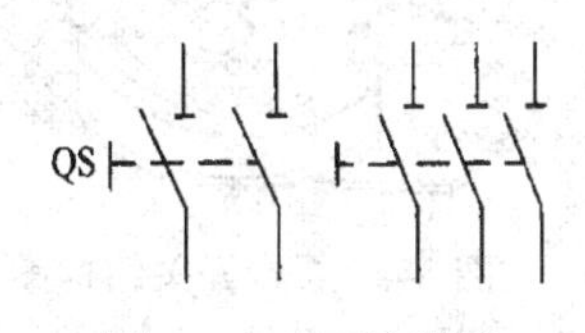

图 3-1　刀开关符号

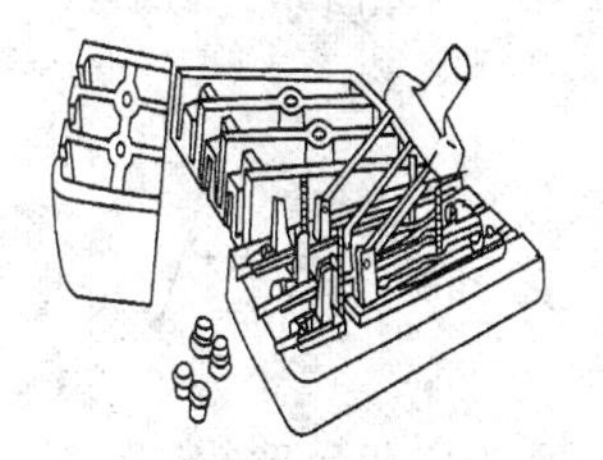

图 3-2　HK 系列开启式负荷开关

1. 开启式负荷开关的技术数据

常用 HK 系列开启式负荷开关的技术数据见表 3-1。

表 3-1 HK 系列开启式负荷开关技术数据

型号	额定电流(A)	极数	额定电压	可控制电动机容量(kW)	配用熔丝规格			
					线径(mm)	成分(%)		
						铅	锡	锑
HK1	15	2	220	1.5	1.45～1.59	98	1	1
	30			3.0	2.30～2.52			
	69			4.5	3.36～4.00			
	15	3	380	2.2	1.45～1.59			
	30			4.0	2.3～2.52			
	60			5.5	3.36～4.00			
HK2	10	2	220	1.1	0.25	含铜量不少于99.9%		
	15			1.5	0.41			
	30			3.0	0.56			
	15	3	380	2.0	0.45			
	30			4.0	0.71			
	60			5.5	0.12			

2.开启式负荷开关的选择

(1)额定电压的选择

用于照明电路时,可选用额定电压为 220 V 或 250 V 的二极开关;用于电动机的直接启动时,可选用额定电压为 380 V 的三极开关。

(2)额定电流的选择

用于照明电路时,开启式负荷开关的额定电流应等于或大于开断电路中各个负载额定电流的总和;若负载是电动机,考虑到启动电流可达额定电流的 4～7 倍,所以不能按照电动机的额定电流选用,开关的额定电流一般可取电动机额定电流的 3 倍,也可按表 3-1 直接选用。

二、组合开关

组合开关在电气控制线路中常用作电源引入开关,主要适用于交流 380 V、直流 220 V 以下的电气设备,也可用来直接启动和停止小容量鼠笼式电动机或使电动机正反转。常用的有 HZ10 等系列,文字和图形符号如图 3-3 所示,结构如图 3-4 所示。

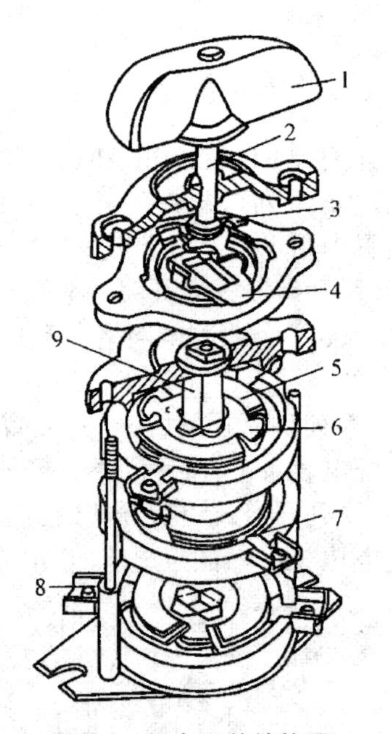

图 3-4 组合开关结构图

1—手柄 2—转轴 3—弹簧 4—凸轮 5—绝缘垫板 6—动触头 7—静触头 8—接线柱 9—绝缘杆

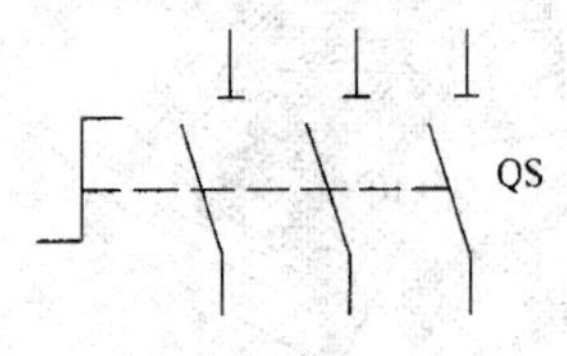

图 3-3 组合开关符号

选用组合开关时,主要考虑到电源种类、电压等级、所需触头数以及电动机容量等。

三、自动开关

自动开关又称自动空气断路器，它具有过载、短路及失压保护功能，也可作为正常情况下小容量不频繁启动电机的控制电器。

1. 型号表示方法及含义

型号及表示方法如下：

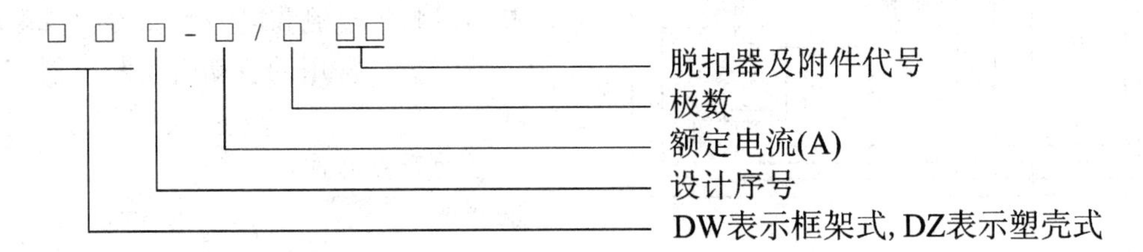

图 3-5 是应用较广的塑壳式自动开关外形图。

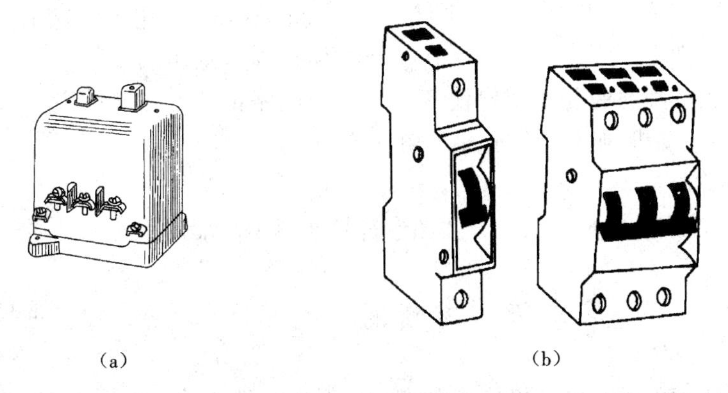

图 3-5　自动开关

(a)DZ5 系列塑壳式；(b)DZ47 系列塑壳式

2. 结构

自动开关分为框架式自动开关(如 DW 型)与塑壳式自动开关(如 DZ 型)。自动开关一般由接触系统、灭弧装置、操作机构和保护装置等部分组成。

3. 工作原理

自动开关的接触系统由三对主触头组成；灭弧装置一般采用金属栅片消弧罩；操作机构包括传动机构和自由脱扣机构；保护装置一般采用过电流脱扣器和欠电压脱扣器，原理图如图 3-6 所示。

在图 3-6 中，开关的主触头 1 是靠操作机构手动或电动合闸的。主触头闭合后，自由脱扣器的搭钩 2 将主触头锁在合闸位置。过电流脱扣器(电磁脱扣器)的线圈 7 和热脱扣器的热元件 6 与主电路串联，失压脱扣器的线圈 4 与主电路并联。当电路发生短路或严重过载时，过电流脱扣器的衔铁被吸合，使自由脱扣机构动作。当电路过载时，热脱扣器的热元件产生热量并快速增加，加热双金属片，使之向上弯曲，推动自由脱扣机构动作。当电路失压时，失压脱扣器的衔铁释放，也使自由脱扣机构动作。自由脱扣机构动作时自动脱扣，使开关自动跳闸，主触头断开分断电路。分励脱扣器 3 则作为远距离控制分断电路之用。

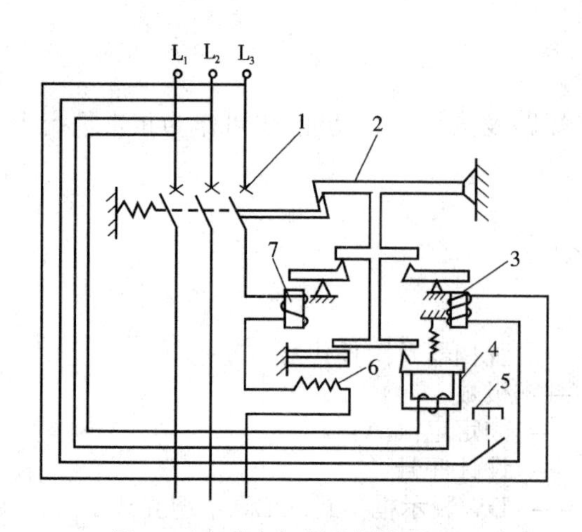

图 3-6 自动空气断路器的原理图

1—主触头 2—自由脱扣器的搭钩 3—分励脱扣器 4—失压脱扣器的线圈 5—按钮 6—热脱扣器的热元件 7—电磁脱扣器的线圈

近年来,国内已生产智能型万能式断路器(如 DW45 系列均为大电流系列)。此种断路器结构紧凑、体积小、分断能力强,并采用封闭的触头,不产生电弧(所谓零飞弧)。智能脱扣器具有自检、试验监控、数显及通讯等功能。

选择断路器要根据额定电压和额定电流、热脱扣器的整定电流和电磁脱扣器的瞬时脱扣整定电流考虑。常用的自动空气断路器有 DZ、DW 等系列。

4. 自动开关的选择

选择要求如下:

①自动开关的额定电压应与线路电压一致,额定电流应符合最大负荷电流的要求;

②热脱扣器的电流整定值应与所控制的电动机的额定电流相同;

③电磁脱扣器的瞬时脱扣整定电流应大于负载电路正常工作时的尖峰电流,如负载为电动机,则瞬时脱扣整定电流值为:

$$I_{set} = 1.7\ I_{st}$$

式中,I_{st}为电动机的启动电流。自动开关图形符号如图 3-7 所示。

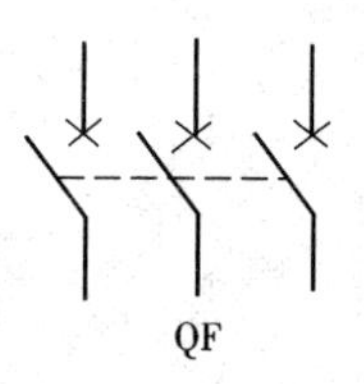

图 3-7 自动开关符号

第二节 熔断器

熔断器是低压配电网及电动机控制电路中的保护元件之一,主要用作短路保护。当通过熔断器的电流大于规定值时,自身产生的热量使熔体熔化而自动分断电路。通过熔断器的熔化特性和熔断特性的配合以及熔断器与其他电器的配合,在一定短路电流范围内可达到选择性保护。

一、熔断器的外形图与技术数据

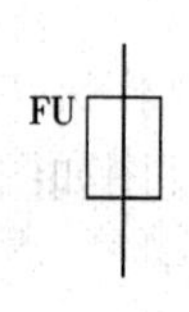

图 3-8 熔断器符号

熔断器的图形符号如图 3-8 所示。熔断器的外形如图 3-9 所示,其中 RT0 系列低压高分断能力封闭管式熔断器是从德国 AEG 公司引进的新产品,具有分断能力高、熔体额定电流分级密、特性误差小等优点。表 3-2 列出 RC1 系列瓷插式熔断器和部分 RM 系列无填料封闭管式熔断器的技术数据。表 3-3 列出 RC1 配用熔体的规格。

二、熔丝的选择

选择熔丝要合适。选小了,无法避免电动机启动的电流冲击,保证不了线路供电,使电动机无法正常运转;选大了,该熔断时断不了,起不到保护作用,因此必须正确选择电动机供电回路的熔丝。

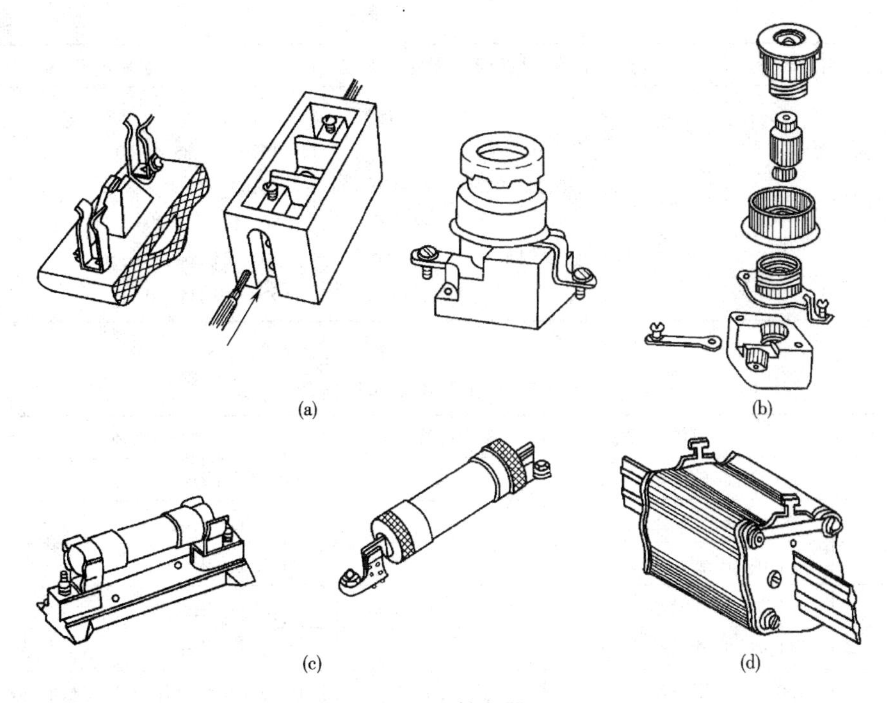

图 3-9　熔断器

(a)RC1 系列瓷插式;(b)RL1 系列螺旋式;(c)RM 系列无填料封闭管式;(d)RT0 系列有填料封闭管式

表 3-2　常用熔断器的技术数据

类　别	型　号	额定电压(V)	额定电流(A)	熔体额定电流(A)
插入式熔断器	RC1A	380	5	1、2、3、5
			10	2、3、6、10
			15	6、10、15
			30	15、20、25、30
			60	30、40、50、60
			100	60、80、100
			200	100、120、150、200
有填料封闭管式熔断器	RT0	380	100	30、40、50、60、80、100
			200	80、100、120、150、200
			400	150、200、250、300、350、400
			600	350、400、450、500、550、600
			1 000	700、800、900、1 000
螺旋式熔断器	RL1	500	15	2、4、5、6、10、15
			60	20、25、30、35、40、50、60
			100	60、80、100
			200	100、125、150、200
	RL2	500	25	2、4、6、10、15、20、25
			60	25、35、50、60
			100	80、100

续表

类　别	型　号	额定电压(V)	额定电流(A)	熔体额定电流(A)
无填料密闭管式熔断器	RM10	交流： 220、380、500 直流： 220、440	15 60 100 200 350 600	6、10、15 15、20、25、35、45、60 60、80、100 100、125、160、200 200、225、260、300、350 350、450、500、600

表 3-3　RC1 配用熔体规格

额定电流(A)	熔体	额定电流(A)	熔体
2	ϕ0.52 mm 软铅丝	40	ϕ0.92 mm 铜丝
4	ϕ0.82 mm 软铅丝	50	ϕ1.07 mm 铜丝
6	ϕ1.08 mm 软铅丝	60	ϕ1.20 mm 铜丝
10	ϕ1.25 mm 软铅丝	80	ϕ1.55 mm 铜丝
15	ϕ1.98 mm 软铅丝	100	ϕ1.80 mm 铜丝
20	ϕ0.61 mm 铜　丝	120	0.2 mm 厚紫铜片(专用变截面冲片)
25	ϕ0.71 mm 铜　丝	150	0.4 mm 厚紫铜片(专用变截面冲片)
30	ϕ0.80 mm 铜　丝	200	0.6 mm 厚紫铜片(专用变截面冲片)

1.单台电动机的熔丝选择

只供一台电动机时，熔丝大小可由电动机额定电流直接算出，即

$$I \geqslant (1.5 \sim 2.0) I_{ed}$$

式中：I——熔丝电流，A；

I_{ed}——电动机额定电流，A。

【例】　一台三相异步电动机的功率为 4 kW，应选择多大熔丝电流？

解　根据公式

$$I = 1.6 I_{ed}$$

$$I = \frac{1.6 \times 4\ 000}{380} \approx 16\ A$$

2.多台电动机的熔丝选择

当供电电路中有多台电动机时，总配电盘的熔丝应根据其中最大一台电动机额定电流的 2.5 倍再加其余电动机额定电流算出，即

$$I = 2.5 I_{ed(max)} + \sum I_{ed}$$

式中：I——熔丝电流，A；

$I_{ed(max)}$——其中最大一台电动机的额定电流，A；

$\sum I_{ed}$——其余电动机额定电流之和，A。

第三节　接触器

接触器是一种广泛使用的电器,可用来频繁地接通和断开电动机的主回路以及短接启动电阻,也可用于接通和断开其他电力负荷。接触器有交流接触器和直流接触器。本节主要介绍交流接触器。几种交流接触器的外形如图 3-10 所示,其中 3TH、3TB 系列均是德国引进产品。

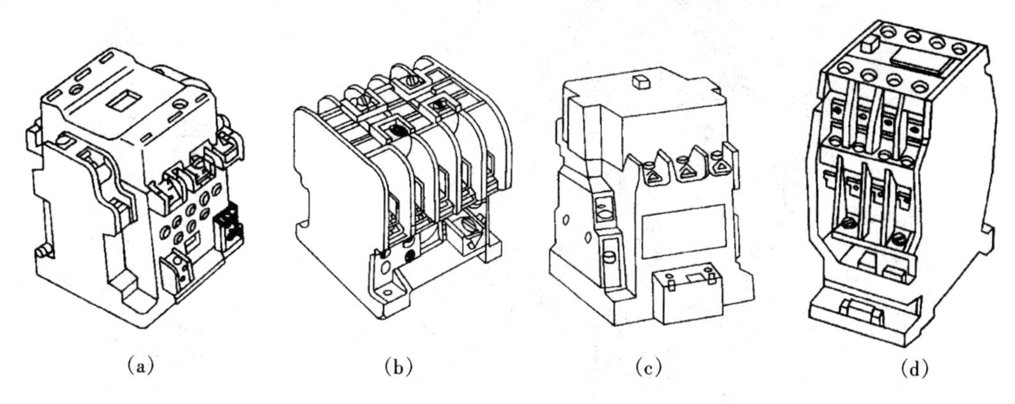

(a)　(b)　(c)　(d)

图 3-10　交流接触器

(a)CJ0-20 系列;(b)CJ10-10 系列;(c)CJ20-40 系列;(d)3TB(3TH)系列

一、结构组成及原理

1.结构组成

接触器结构主要由以下三部分组成。

①电磁系统由吸引线圈、动铁芯和静铁芯组成。

②接触系统由主触头和辅助触头组成。主触头用于通、断主回路,是常开触头;辅助触头用于通、断控制回路,既有常开触头也有常闭触头。

③灭弧系统有磁吹灭弧、栅片灭弧及真空灭弧等方式。

2.接触器型号的含义

接触器型号的含义如图 3-11 所示。

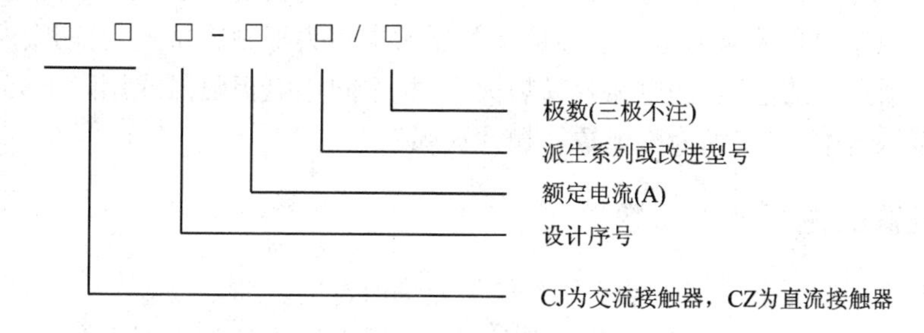

图 3-11　接触器型号的含义

新型交流接触器有 LC1 系列组合式,其接触器和辅助触头是分体的,可以根据不同要求组合。其外形结构和图形符号如图 3-12 所示。

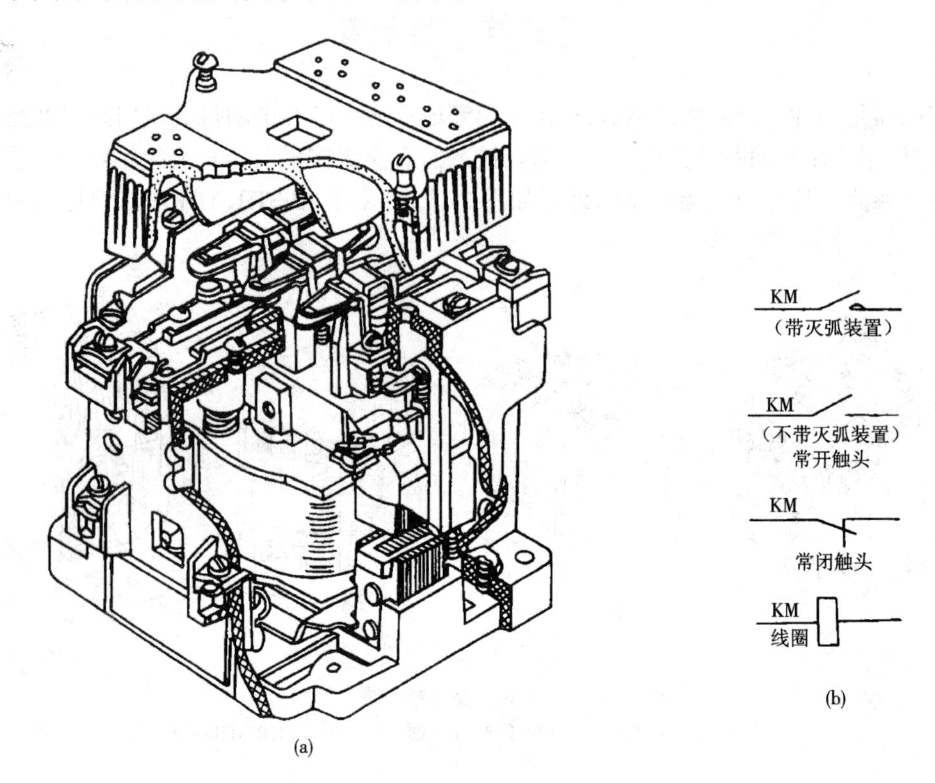

图 3-12 接触器外形结构和图形符号

(a)外形与结构;(b)图形符号

3.工作原理

图 3-12(a)是交流接触器的主要结构。接触器主要由电磁铁和触点两部分组成。它是利用电磁铁的吸引力动作的。线圈通电后,吸引"山"字形动铁芯(上铁芯),使常开触点闭合。

接触器的触点分主触点和辅助触点两种。辅助触点常接于电动机的控制回路,通过电流较小;主触点一般接电动机的主回路,通过电流较大。

4.灭弧装置

主触头闭合后一般通过较大的电流。当主触头断开时,触头间产生的电弧会把触头烧坏,并延长电路切断时间,如果此时另一个接触器立即动作,改变相序接通电源,将发生电源短路事故,因此,接触器都有灭弧措施。小容量接触器的主触头都制成桥式,有两个断点,可降低触头断开时加在断点上的电压,使电弧容易熄灭,各相之间用弧板隔弧或用陶土灭弧罩灭弧。在较大电流的接触器中,采用纵缝灭弧罩及栅片灭弧。

二、接触器的主要技术参数

1)额定电流　指主触头在正常工作条件下允许通过的负荷电流。

2)额定电压　包括主触头的额定工作电压以及辅助触头的额定工作电压和吸引线圈的额定工作电压。

3)动作值　指接触器吸合和释放时的电压值。

4)额定工作制 指长时、间断长时、短时、重复短时四种工作制。

5)操作频率 指接触器每小时的操作次数。

6)接通与分断能力 指接触器主触头在规定条件下可靠接通和分断的最大电流值。

7)寿命 包括机械寿命和电气寿命。

表 3-4 介绍了 CJ20-25 交流接触器的主要技术参数。

表 3-4 CJ20-25 交流接触器的主要技术参数

额定工作电压(V)	稳定发热电流(A)	断续周期工作制下额定工作电流(A)				380 V AC-3 类工作制下控制功率(kW)	不间断工作制下额定工作电流(A)	电气寿命(AC-3)($\times 10^4$ 次)	机械寿命($\times 10^4$ 次)
		AC-1	AC-2	AC-3	AC-4				
220	32	32	25	25	25	5.5	32	100	1 000
380	32	32	25	25	25	11	32	100	1 000
660	32	32	16	14.5	14.5	13	32	100	1 000

三、交流接触器的选择

交流接触器是接通和断开电动机负荷电流的控制电器，它的额定电流按电动机额定电流的 1.3～2 倍选择，即

$$I=(1.3\sim 2)I_e$$

式中：I——交流接触器的额定电流，A；

I_e——电动机的额定电流，A。

第四节 继电器

一、时间继电器

时间继电器的特点是线圈得电后，经过一段时间延时触点才动作。因此通过时间继电器可实现按时间顺序进行控制。时间继电器按不同的延时原理分为电磁式、空气阻尼式、电动机式、钟摆式和晶体管式等。目前生产上用得最多的是电磁式、空气阻尼式和晶体管式时间继电器。下面重点介绍 JS7 系列空气阻尼式时间继电器。

JS7 系列时间继电器的外形如图 3-13 所示，分为通电延时和断电延时两种，主要由交流电磁式通用继电器附加空气阻尼式的延时装置组成。时间继电器的文字和图形符号如图 3-14 所示。

表 3-5 列出了 JS7-A 系列时间继电器技术参数。

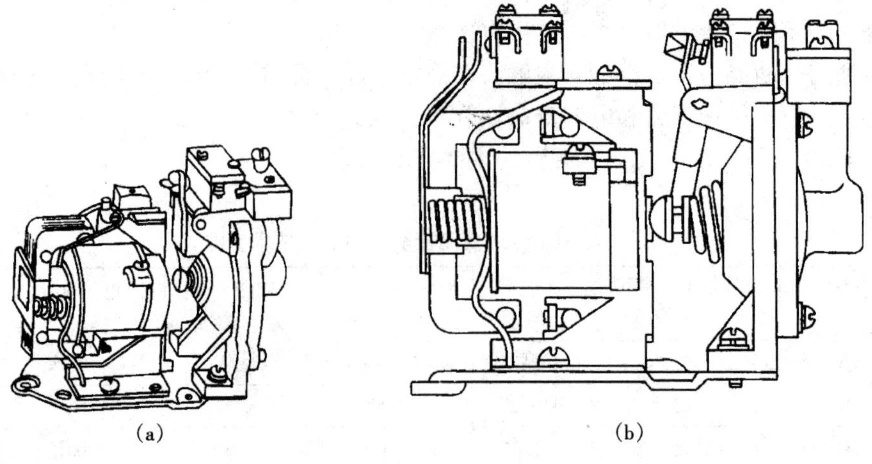

图 3-13 JS7 系列时间继电器外形

(a)立体图;(b)正视图

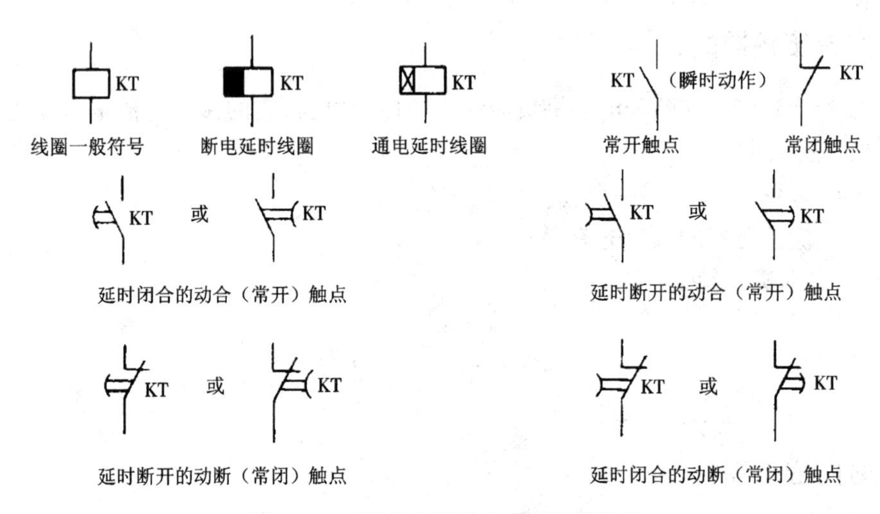

图 3-14 时间继电器的文字和图形符号

表 3-5 JS7-A 系列时间继电器技术参数

型号	吸引线圈		触头参数								延时范围
	电压(V)	消耗功率(W)	额定电压(V)	额定电流(A)	通电延时		断电延时		瞬动触头		
					常开	常闭	常开	常闭	常开	常闭	
JS7-1A	24 36 110 220 380	8	380	5	1	1					0.4 ~ 60 s 及 0.4 ~ 180 s,两种连续动作重复误差≤15%,延时稳定性误差≤20%,动作电压范围(85% ~ 105%)U_N
JS7-2A					1	1			1	1	
JS7-3A							1	1			
JS7-4A							1	1	1	1	

二、热继电器

热继电器常作为交流电动机运行和启动过程中的过载保护，有的还可作为断相保护，结构如图 3-15 所示。

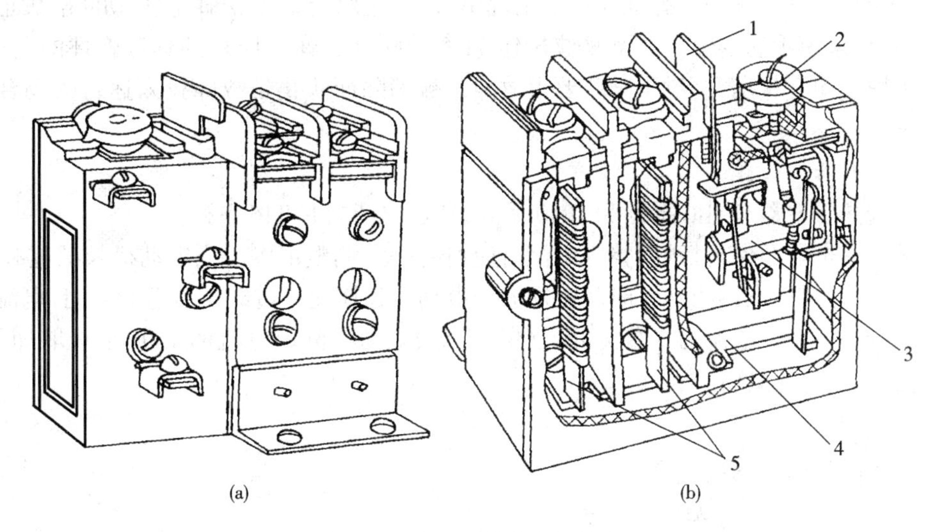

图 3-15　热继电器外形和结构

(a)外形；(b)结构

1—复位按钮；2—调整整定电流装置；3—动断触头；4—动作机构；5—热元件

1.热继电器的工作原理

如图 3-16 所示，当电动机过载时，过载电流通过串联在定子电路中的电阻丝 2 使其发热，主双金属片 1 受热膨胀，因左侧金属的热膨胀系数较大，所以双金属片向右侧弯曲，通过导板 3 推动温度补偿片 4，使推杆 5 绕轴转动，它又推动动断触头 9，使动断触头断开。由于该动断

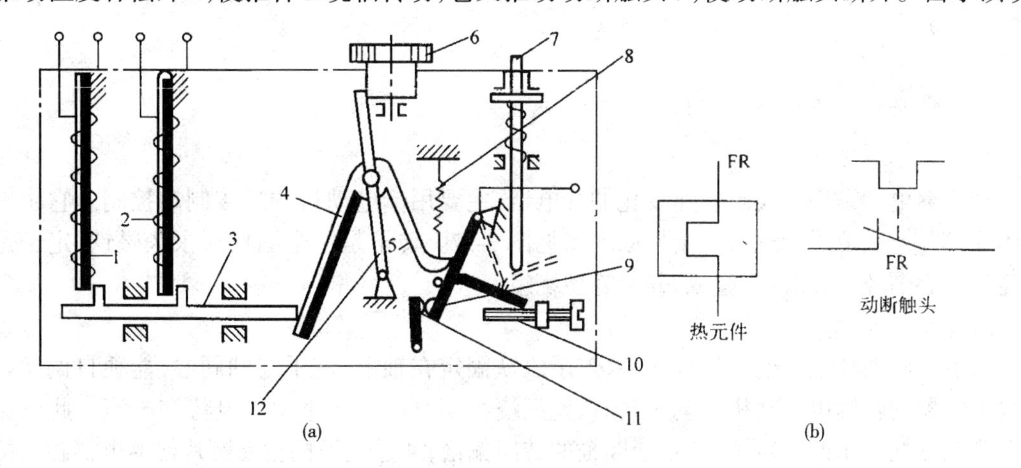

图 3-16　热继电器机构和符号

(a)机构；(b)文字和符号

1—金属片　2—电阻丝　3—导板　4—温度补偿片　5—推杆　6,7—复位按钮

8—弹簧　9—动触头　10—螺钉　11—静触头　12—支撑杆

触头串联在接触器线圈回路中,当其断开后,接触器线圈断电,使主触头也断开,于是电动机便脱离电源得到保护。电源切断后,电流随即消失,双金属片逐渐冷却,经过一段时间后又恢复原状,于是动断触头在失去作用力的情况下,靠自身弹簧自动复位与静触头闭合。

这种热继电器也可采用手动复位,将螺钉 10 向外调节到一定位置,使动断触头弹簧的转动超过一定角度进而失去反弹性。在此情况下,即使主双金属片冷却复原,动断触头也不能自动复位,必须采用手动复位。按下复位按钮 7,使动断触头弹簧恢复到具有弹性的角度,使之与静触头恢复闭合状态,这对于某些要求故障未被消除而防止带故障投入运行的场合是必要的。

2.热继电器的选择

常用的热继电器有 JR0 系列和 JR10 系列,新近出产的有 T16 系列。

根据热继电器的保护特性,整定电流时应留有一定调整范围。当电动机长期过载 20%时应可靠动作,且热继电器的动作时间必须大于电动机长期允许过载及启动的时间,电流的整定范围常取电动机额定电流的 1.2 倍,而整定电流按电动机额定电流的 1.05 倍选取即可,用公式表示为:

$$I = KI_e$$

式中:I——热继电器整定电流,A;

I_e——电动机额定电流,A;

K——系数,选择热继电器时,$K = 1.2$;选择整定电流时,$K = 1.05$。

【例】 有一台三相异步电动机 Y112M-4,额定电压为 380 V,额定电流为 8.8 A,选择热继电器并求整定电流。

解 确定调整范围时取电流

$$I = 1.2I_e = 1.2 \times 8.8 = 10.6 \text{ A}$$

故选用 JR16-20/3D,调整范围为 6.8 ~ 11 A 的热继电器。

整定电流

$$I = 1.05I_e = 1.05 \times 8.8 = 9.2 \text{ A}$$

三、速度继电器

1.结构

速度继电器是用来反映转速变化的继电器,主要用于电动机的反接制动控制。它由三部分组成,即转子、定子和触头。结构原理图见图 3-17。转子是一个圆柱形永久磁铁,定子是一个笼型空心圆环,由硅钢片叠成,并装笼型绕组。

2.工作原理

速度继电器转轴与电动机轴连接,转子磁铁固定在轴上,定子与轴同心,能独自偏摆。当速度继电器的转轴由电动机带动旋转时,笼型绕组切割磁通产生感应电势和电流。此电流与永久磁铁磁场作用产生转矩,使定子顺轴的转向偏摆,通过定子柄拨动簧片使继电器触头接通或断开。(根据电动机的旋转方向,速度继电器的定子既可以左转,也可右转,因此,按照线路的接线方式,即接左方触头还是接右方触头不同,速度继电器可分为正向和反向两种)。当电动机转速下降到接近零(约小于 100 r/min)时,定子柄在弹簧作用下恢复到原来位置。

常用的速度继电器有 YJ1 型和 JF20 型,动作转速一般不低于 300 r/min,复位转速约在

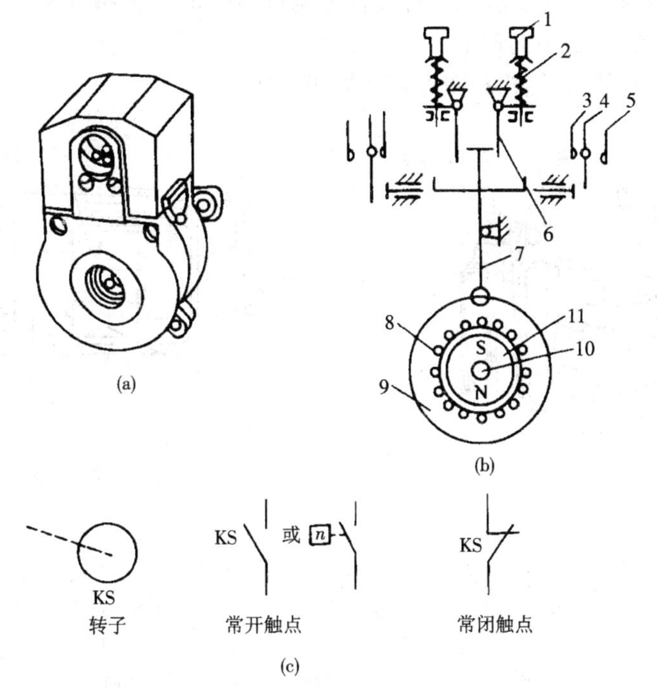

图 3-17 JF20 型速度继电器

(a)外形;(b)结构;(c)符号

1—螺钉 2—反力弹簧 3—动断触点 4—动触点 5—动合触点

6—返回杠杆 7—杠杆 8—定子导体 9—定子 10—转轴 11—转子

100 r/min以下。

四、电流继电器

电流继电器也是由电磁机构和触头等部分组成。它的触头无需开断大电流,所以体积小,也没有灭弧装置。

电流继电器的电流线圈串接到被测量的电路中,以反映被测电路电流的变化。为了减少线圈串入后对电路的影响,电流继电器线圈的阻抗应尽量减小,因此匝数少、导线粗。电流继电器按在控制线路中的作用分为以下两种。

1.过电流继电器

为了保护电动机不致因过电流而烧坏,将过电流继电器的线圈串联在电动机定子电路中。当定子电流为正常值时,继电器衔铁不吸合;当电流超过某一整定值时,衔铁吸合,使其动断触头分断,接触器线圈失电,主触头断开,将电动机电源切断。要求吸合电流必须符合线路的要求,通常整定范围为 1.1 ~ 4 倍额定电流,对释放电流一般没有要求,只要断电后衔铁能释放即可。

2.欠电流继电器

在电路正常工作时欠电流继电器衔铁是吸合的,只有当电流降到某一整定值时,继电器衔铁才释放。当电动机磁场断路或励磁电流因故障而小于电动机磁场的允许值时,继电器释放,其动合触头断开,接触器线圈失电,主触头分断,电动机脱离电源,为防止“飞转”事故发生,吸合电流和释放电流都须符合要求。通常吸合电流可在额定电流的30%～65%间调节，释放电流在额定电流的10%～20%间调节。

过电流继电器的外形、结构和图形符号如图3-18所示。

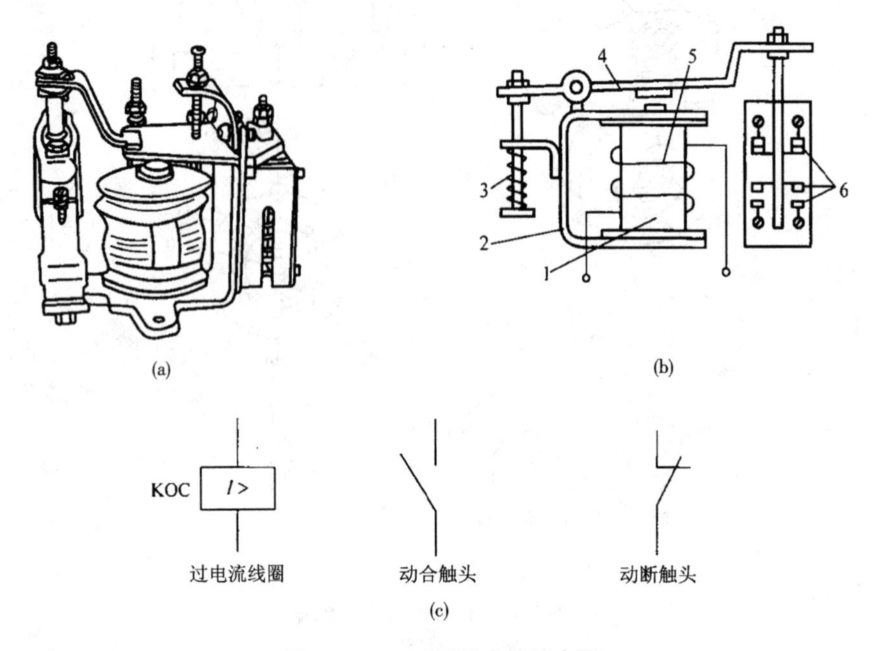

图3-18 JT4系列过电流继电器

(a)外形；(b)结构；(c)符号

1—铁芯 2—磁体 3—反作用弹簧 4—衔铁 5—线圈 6—触头

五、电压继电器

电压继电器的结构与电流继电器相似，区别在于电压继电器的吸合线圈为并联线圈，所以匝数多，导线细，阻抗大。

根据动作电压的不同，电压继电器可分为过电压、欠电压及零电压继电器。过电压继电器的动作电压为额定电压的110%～115%，欠电压继电器的动作电压为额定电压的40%～70%，零电压继电器的动作电压为额定电压的5%～25%。欠电压继电器的图形符号如图3-19所示。

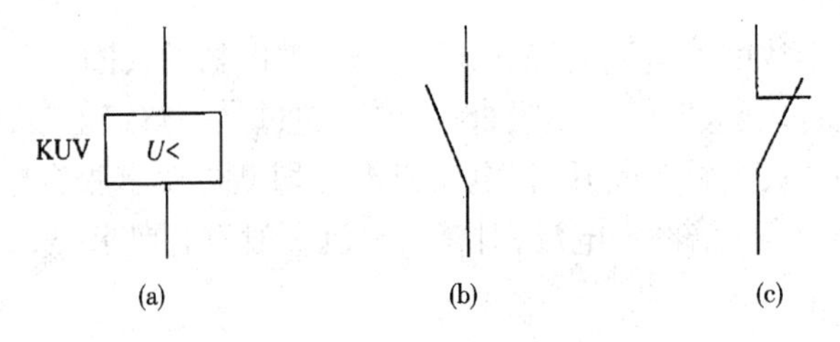

图3-19 欠电压继电器符号

(a)线圈；(b)动合触头；(c)动断触头

六、中间继电器

中间继电器在电路中主要起信号的传递与转换作用，它可以实现多路控制，并可将小功率的控制信号转换为大容量的触头动作，以驱动电气执行元件工作。

中间继电器的结构与接触器相似，如图 3-20 所示。它由吸引线圈、静铁芯、动铁芯和触头等组成。其特点是触头对数多，一般有 8 对，可组成 4 对动合、4 对动断或 6 对动合、2 对动断或者 8 对动合三种形式。另外触头容量大(5～10A)，所以它的主要用途是当其他继电器的触头数目或触头容量不能满足控制线路要求时，可借助中间继电器环节扩大触头数量或触头容量，起到中间转换作用。

选用中间继电器时，主要根据被控电路的电压等级、触头数量、种类(动合和动断)及容量等要求进行。中间继电器图形符号如图 3-20 所示。

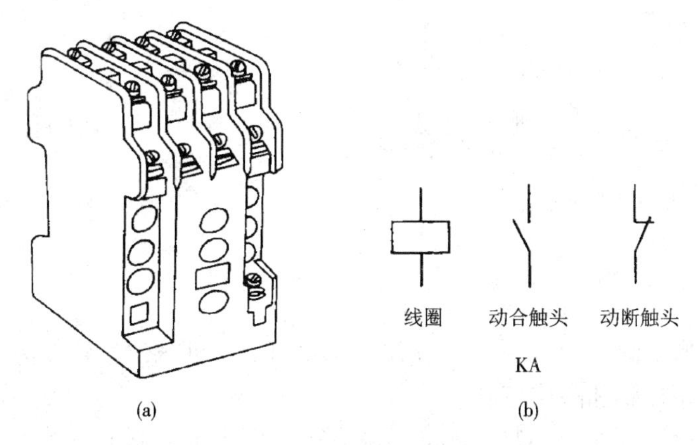

图 3-20　中间继电器外形和符号

(a)外形；(b)符号

以上讨论的电流继电器、电压继电器、中间继电器均为电磁式继电器。常用的产品有 JT3、JT4、JT9、JT10、JL12、JL14、JZ7、JZ8 等型号。

第五节　主令电器

主令电器主要用于闭合、断开控制电路，实现对电力传动系统的控制。

一、按钮开关

按钮是一种短时接通或分断小电流电路的电器，它不直接控制主电路的通断而在控制电路中发出“指令”时控制接触器、继电器等电器，再由它们控制主电路。

1. 按钮开关的外形图与技术数据

LA 系列按钮的外形见图 3-21。部分按钮的技术数据如表 3-6 所示。

2. 按钮的选择

(1)根据使用场合选择按钮的种类

应根据场合选择按钮，例如，电动葫芦不宜选用 LA18 和 LA19 系列按钮，而宜选用 LA2 系列按钮。灰尘较多的场合也不宜选用 LA18 和 LA19 系列按钮，最好选用 LA14-1 系列按钮。一般场合可选用开启式和保护式按钮。

(2)根据用途选用合适的类型

根据用途可选用旋钮式、钥匙式、紧急式按钮。

(3)按照控制回路的需要确定钮数

根据控制回路选择单钮、双钮、三钮、多钮等。

(4)按工作状态，选择颜色

根据工作状况选择按钮指示灯的颜色。

按钮开关符号如图 3-22 所示。

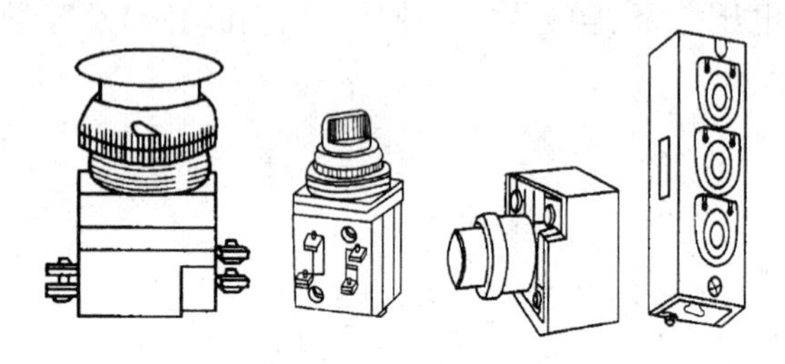

图 3-21　LA 系列按钮

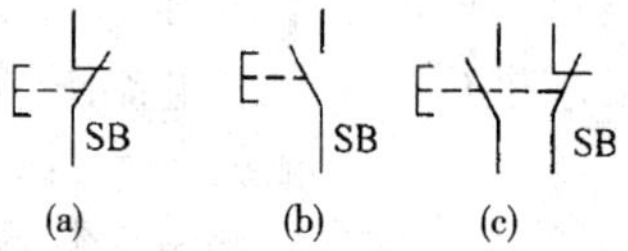

SB　SB　SB

(a)　(b)　(c)

图 3-22　按钮的开关符号

(a)动合按钮；(b)动断按钮；

二、行程开关

行程开关的外形如图 3-23 所示。行程开关主要用于将机械位移转变为电信号，用来控制机械动作或用作程序控制和限位控制。

行程开关的图形符号如图 3-24 所示。行程开关主要用于控制电机的正反转，实现工作台的自动往返。此外也作为终端保护和制动与变速的控制器。

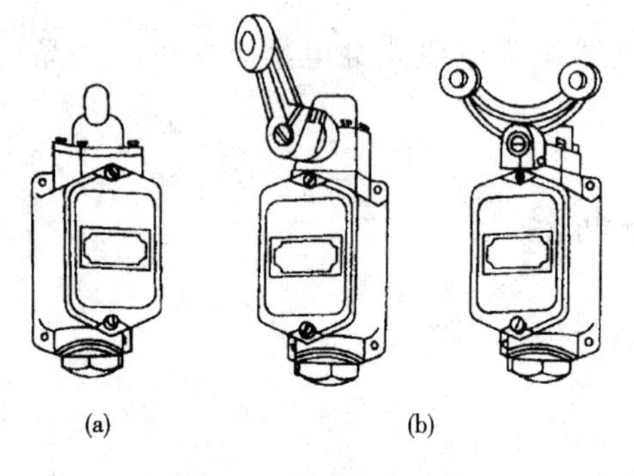

图 3-23　行程开关外形

(a)LX19 系列；(b)JLXK1 系列

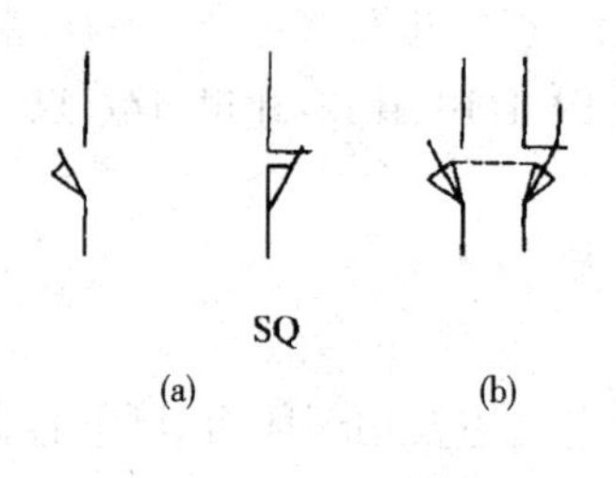

图 3-24　行程开关符号

(a)动合触头(常开触头)；

(b)动断触头(常闭触头)

表 3-6 LA 系列按钮技术数据

<table>
<tr><th rowspan="2">型 号</th><th rowspan="2">电压
(V)</th><th rowspan="2">电流
(A)</th><th rowspan="2">结构类型</th><th colspan="2">触头对数</th><th colspan="2">按 钮</th></tr>
<tr><th>常开</th><th>常闭</th><th>钮数</th><th>颜 色</th></tr>
<tr><td rowspan="11">LA2
LA10-1
LA10-1K
LA10-2K
LA10-3K
LA10-1H
LA10-2H
LA10-3H
LA10-1S
LA10-2S
LA10-3S
LA10-2F</td><td rowspan="17">交流
500
直流
440</td><td rowspan="17">5</td><td>元件</td><td>1</td><td>1</td><td>1</td><td>黑、绿、红</td></tr>
<tr><td rowspan="3">开启式</td><td>1</td><td>1</td><td>1</td><td>黑、绿、红</td></tr>
<tr><td>2</td><td>2</td><td>2</td><td>黑、红或绿、红</td></tr>
<tr><td>3</td><td>3</td><td>3</td><td rowspan="2">黑、绿、红</td></tr>
<tr><td rowspan="3">保护式</td><td>1</td><td>1</td><td>1</td></tr>
<tr><td>2</td><td>2</td><td>2</td><td>黑、红或绿、红</td></tr>
<tr><td>3</td><td>3</td><td>3</td><td rowspan="2">黑、绿、红</td></tr>
<tr><td rowspan="3">护水式</td><td>1</td><td>1</td><td>1</td></tr>
<tr><td>2</td><td>2</td><td>2</td><td>黑、红或绿、红</td></tr>
<tr><td>3</td><td>3</td><td>3</td><td>黑、绿、红</td></tr>
<tr><td>防腐式</td><td>2</td><td>2</td><td>2</td><td>黑、红或绿、红</td></tr>
<tr><td rowspan="6">LA18-22
LA18-44
LA18-66
LA18-22J
LA18-44J
LA18-66J</td><td rowspan="3">元件</td><td>2</td><td>2</td><td>1</td><td rowspan="3">红、绿、黑、白</td></tr>
<tr><td>4</td><td>4</td><td>1</td></tr>
<tr><td>6</td><td>6</td><td>1</td></tr>
<tr><td rowspan="3">紧急式</td><td>2</td><td>2</td><td>1</td><td rowspan="3">红</td></tr>
<tr><td>4</td><td>4</td><td>1</td></tr>
<tr><td>6</td><td>6</td><td>1</td></tr>
</table>

三、万能转换开关

万能转换开关的外形如图 3-25 所示。万能转换开关主要用作控制线路的转换、电气测量仪表的转换以及配电设备的远距离控制,亦可用于小容量电动机的启动、制动、换向及变速控制。因换接的线路多、用途广,故有“万能”之称。它是一种多挡式、控制多回路的主令电器。常用的万能转换开关有 LW5、LW6 系列。

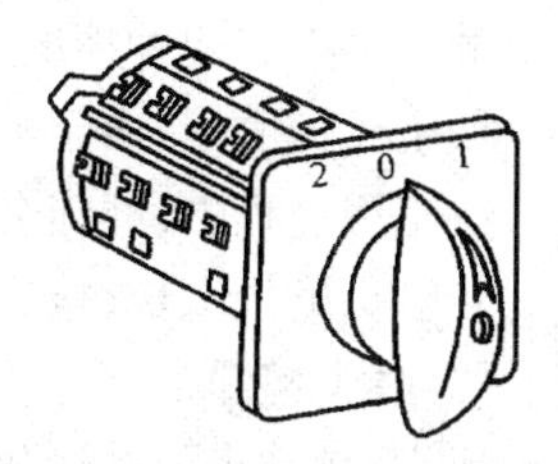

图 3-25 万能转换开关的外形

第六节 低压电器的常见故障与维修

各种电器元件损坏后必须及时维修。电气线路中所使用的电器种类很多,且结构繁简程度不同。这里,首先分析各电器共有零部件的常见故障与维修方法,然后再分析一些常用电器的常见故障及其维修方法。

一、电器零部件常见故障与维修

一般电器通常由触头系统、电磁系统和灭弧装置三部分组成。这些部分经长期使用或因使用不当都可能产生故障而影响电器的正常工作。

1.触头的故障与维修

触头的故障一般有触头过热、磨损及熔焊。

(1)触头过热

产生触头过热的具体原因如下。

1)通过动、静触头间的电流过大　任何电器的触头都必须在额定电流下运行,否则触头会过热。造成触头电流过大的原因有系统电压过高、用电设备超载运行、电器触头容量选择不当和带故障运行等。

2)动、静触头间的接触电阻变大　接触电阻的大小直接关系到触头的发热程度。电阻增大的原因有:触头压力弹簧失去弹性而造成压力不足或触头磨损变薄;触头表面接触不良。例如,在运行过程中,粉尘、油污等杂物覆盖在触头表面,加大了接触电阻;又如,触头闭合分断时,因有电弧会使触头表面烧伤、灼伤,致使残缺不平及接触面积减小,造成接触不良。

因此,应注意对触头进行保养。对表面氧化的铜质触头和灼伤的各种触头,可用刮刀或细锉修整;对大、中容量触头的表面不要求光滑,但要保持平整;对小容量触头则要求表面质量好;对银及银基触头只需用棉花浸汽油或四氯化碳清洗即可,其氧化层并不影响接触性能。

维修人员在修磨触头时切记不要刮削或锉削太多,以免影响使用寿命,同时不要使用砂布或砂轮修磨,以免石英砂粒嵌于触头表面而影响触头的接触性能。

触头压力可用纸条测定。将一条比触头略宽的纸条夹在动、静触头间并使触头处于闭合位置,然后用手拉纸条。一般小容量的电器稍用力,纸条即可拉出;大容量的电器,纸条拉出后有撕裂现象,这表明触头压力比较合适。若纸条能够被轻易拉出,说明压力不够;若纸条被拉断,说明触头压力太大。

(2)触头磨损

触头磨损有两种情况:一种是电磨损,由于触头间电火花或电弧的高温使触头金属汽化;另一种是机械磨损,由于触头闭合时的撞击及触头接触面滑动摩擦。

在使用过程中,磨损会使触头越来越薄。当剩余部分为原厚度的1/2时,就应更换新触头。若触头磨损太快,应查明原因,排除故障。

(3)触头熔焊

动、静触头表面被熔化后焊接在一起而分断不开的现象称为触头熔焊。当触头闭合时,由于撞击和振动,在动、静触头间的小间隙中产生短电弧。当电弧温度高达3 000～6 000 ℃,触头表面出现灼烧或熔化,使动、静触头焊接在一起。发生触头熔焊的原因是:选用触头容量太小,负载电流过大;操作电压过高;触头弹簧损坏,使初压力减小。触头熔焊后,只能更换新触头,如果因触头容量不够而产生熔焊,则应选用容量大的触头。

2.电磁系统的故障及维修

电磁系统由铁芯和线圈组成,其一般故障如下。

(1)铁芯噪声大

电磁系统在工作中发出一种轻微的“嗡嗡”声是正常的。若声音过大或异常,可判定电磁机构出了故障。原因如下。

1)衔铁与铁芯的接触不良或衔铁歪斜　铁芯与衔铁经过多次碰撞后使端面变形和磨损,或因接触面上积有尘垢、油垢、锈蚀等,都将造成相互间接触不良而产生振动和噪声。铁芯的振动会使线圈过热,严重时会烧毁线圈。对于E形铁芯,铁芯中柱和衔铁之间留有0.1～

0.2 mm 的气隙，铁芯端面变形会使截面不平整，也会增大铁芯噪声。若铁芯端面有油垢，应拆下清洗；若端面有变形或磨损，可将细砂布平铺在平板上，然后推动铁芯将端面修复平整。

2)短路环损坏　铁芯经过多次碰撞后，安装在铁芯槽内的短路环可能断裂或脱落。短路环断裂现象常发生在槽外的转角或槽口部分，维修时可将断裂处焊牢后，将两端用环氧树脂固定；若不能焊接也可更换短路环或铁芯。若短路环跳出槽外，应将短路环压入槽内。

3)机械原因　如果触头压力过大或因活动部分运动受卡阻，致使铁芯不能完全吸合，都会产生较强的振动和噪声。

(2)线圈的故障及维修

当线圈两端的电压一定时，其阻抗越大，通过的电流就越小。当衔铁处于分离位置时，线圈阻抗最小，通过的电流最大。在铁芯吸合过程中，衔铁与铁芯间的间隙逐渐减小，线圈的阻抗逐渐增大，当衔铁完全吸合后，线圈电流最小。如果衔铁与铁芯间出现不完全吸合现象时，会使线圈中的电流增大，进而线圈过热，甚至烧毁。如果线圈绝缘损坏或受机械损伤而形成匝间短路或对地短路，在线圈局部就会产生很大的短路电流，使温度剧增，直至使整个线圈烧毁。另外，如果线圈电源电压偏低或操作频率过高，都会造成线圈过热烧毁。

线圈烧毁后一般应重新绕制。如果短路的匝数不多，短路又在接近线圈的端头处，其他部分又完好，即可拆去已损坏的几圈线圈，其余的继续使用，这时对电器工作性能的影响不会很大。线圈重绕时，可以从铭牌或手册上查出线圈的匝数与线径，也可从烧坏的线圈中得知匝数和线径。线圈绕好后，先放入 105 ~ 110 ℃的烘箱中预烘 3 h，再冷却到 60 ~ 70 ℃后浸绝缘漆，滴尽余漆后放入 110 ~ 120 ℃的烘箱中烘干，冷却至常温即可使用。

(3)灭弧装置的故障及维修

灭弧装置的故障是指灭弧罩破损、受潮、炭化、磁吹线圈匝间短路、灭弧角和栅片脱落等。这些故障均能引起不能灭弧或灭弧时间延长。

若灭弧罩受潮，烘干后即可使用。炭化时可将积垢刮除。磁吹线圈短路时可用一字槽螺钉旋具拨开短路处，待灭弧角脱落后应重新装上。栅片脱落和烧毁后可用铁片按原尺寸配做。

二、常用电器故障与维修

电气设备控制中使用的电器颇多，除了上述元件故障外，还有本身整体特有的故障。以下重点分析接触器、热继电器、时间继电器和速度继电器四种常用电器的故障及维修。

1.接触器的故障及维修

除上边已经介绍过的触头和电磁系统的故障分析和维修外，其他常见故障如下。

1)触头断相　因某相触头接触不良或连接螺钉松脱造成断相，使电动机断相运行。此时电动机也能转动，但转速低并发出较强的“嗡嗡”声。发现这种情况，要立即停车检修。

2)触头熔焊　当接触器操作频率过高、过载运行时，负载侧短路，触头表面有导电颗粒或触头弹簧压力过小等，都会引起触头熔焊。发生此故障后即使按下停止按钮，电动机也不会停转，应立即切断前一级开关，再进行检修。

3)相间短路　由于接触器正反转连锁失效，或因误动作致使两台接触器同时投入运行而形成相间短路；或因接触器动作过快，转换时间过短，在转换过程中发生电弧短路。凡此类故障，可在控制线路中采用接触器、按钮复合连锁控制电机的正转和反转。

2.热继电器的故障及维修

热继电器的故障一般有热元件烧断、误动作和不动作等现象。

1)热元件烧断　当热继电器动作频率太高或负载侧发生短路或过载时,可致使热元件烧断。欲排除此故障应先切断电源,检查电路,排除短路故障,再重新选用合适的热继电器,并重新调整整定值。

2)热继电器误动作　故障原因是:整定值偏小,以致未过载就动作;电动机启动时间过长,使热继电器可能脱扣;操作频率过高,使热继电器经常受启动电流的冲击;使用场所出现强烈的冲击和振动,使热继电器动作机构松动脱扣。另外,如果连接导线太细也会引起热继电器误动作。针对上述故障现象应调换适合上述工作性质的热继电器,并合理调整整定值或更换合适的连接导线。

3)热继电器不动作　由于热元件烧断或脱落,电流整定值偏大,以致长时间过载仍不动作;导板脱扣、连接导线太粗等,使热继电器不动作。根据上述原因进行针对性修理。另外热继电器动作脱扣后,不可立即手动复位,应在2分钟后,待双金属片完全冷却后再使触头复位。

3.时间继电器的故障及维修

空气式时间继电器的故障原因如下:气囊损坏或密封不严而漏气,使延时动作时间缩短甚至不产生延时;在拆装过程中使灰尘进入气道内,气道将会阻塞,时间继电器的延时时间会变得很长。针对上述情况可拆开气室,更换橡胶薄膜或清除灰尘,即可排除故障。

空气式时间继电器受到环境湿度变化的影响以及长期存放都会使延时时间改变,可针对具体情况适当调整。

4.速度继电器的故障及维修

速度继电器发生故障后,一般表现为电动机停车时不能制动和停止转动。造成此故障的原因不是触头接触不良,就是调整螺钉调整不当或胶木摆杆断裂。只要拆掉速度继电器的后盖即可进行维修。

本章小结

本章重点介绍了常用的低压电器的用途、符号、控制线路的安装、调试及运行维修等内容。

①较详细地介绍了开关的用途、表示符号、结构原理和应用选择。

②较详细地介绍了熔断器的用途、技术参数和组成,掌握熔丝的计算选择方法。

③较详细地介绍了接触器的结构、组成原理,掌握接触器的主要参数。

④较详细地介绍了常用的继电器的用途、结构和典型参数。

⑤较详细地介绍了电压电器零部件的常见故障,并重点说明常用电器的故障与维修方法。

第四章　电气控制基本环节

机械中的常用设备一般是由电动机拖动的,电动机是通过某种自动控制方式控制的。多数电动机都是由继电器—接触器控制方式实现控制,尤其是由三相异步电动机拖动的交流拖动系统更是如此。

电气控制线路是由接触器、继电器、按钮、行程开关等组成的。作用是实现对电力拖动系统的启动、反转、制动和调速等运行的控制,实现对拖动系统的保护,满足生产工艺要求,实现生产加工自动化。各种设备因工作性能和生产要求不同,电气控制线路有的比较简单,有的比较复杂。但任何复杂的电气控制线路,也都是由一些比较简单的基本环节组合而成的。本章介绍电气控制线路的基本环节。

第一节　电气制图标准简介

电气设备控制系统由许多电器元件按一定要求连接而成。为了便于对控制系统进行设计、研究分析、安装调试、使用维修,需要对电气控制系统中各电器元件及其相互连接用国家规定的统一符号、文字和图形表示出来,这种图就是电气控制系统图。电气控制系统图主要有三种形式,即电气原理图和电气设备安装图、电气设备接线图。

一、电气原理图

电气原理图是指用国家标准规定的图形符号和文字符号代表各种电器、电机及元件,依据机械设备对控制的要求和各个电器的动作原理,用线条代表导线连接起来,以表示它们之间的联系,而不考虑电器元件实际安装位置和实际连接情况的线路图。

电气原理图应按 GB 6988、GB 4728、GB 7159 等规定的标准绘制。

1.绘制电气原理图的原则与要求

绘制电气原理图应注意以下问题。

①原理图一般分为主电路、控制电路、信号电路、照明电路及保护电路原理图等。主电路(动力电路)指从电源到电动机的大电流通过的电路。其中电源电路用水平线绘制,动力设备(电动机)及其保护电器(如熔断器、热继电器的驱动元件)支路的连线应垂直于电源电路。控制电路、照明电路、信号电路及保护电路等应垂直地绘于两条水平电源线之间,耗能元件(如线圈、电磁铁、信号灯等)的一端应直接连在接地的水平电源线上,控制触点连接在上方水平线与耗能元件之间。

②图中所有电器触点都按没有通电和没有外力作用时的开闭状态画出。对于继电器、接触器的触点,按吸引线圈不通电状态画;控制器按手柄处于零位时的状态画;按钮、行程开关按不受外力作用时的状态画。

③无论主电路还是辅助电路,各元件一般应按动作顺序从上到下、从左到右依次排列。

④原理图中,各电器元件和部件在控制线路中的位置应根据便于阅读的原则安排。同一

电器元件的各个部件可以不画在一起，但必须用同一文字符号标注。

⑤原理图中有直接电联系的交叉导线连接点用实心圆点表示；可拆接连接点或测试点用空心圆点表示；无直接电联系的交叉点不画圆点。

⑥对非电气控制和人工操作的电器，必须在原理图上用相应的图形符号表示操作方式及工作状态。由同一机构操作的所有触点应用机械连杆符号表示联动关系。各个触点的运动方向和状态必须与操作件的动作方向和位置协调一致。

⑦对与电气控制相关的机、液、气等装置应用符号给出简图，以表示其关系。

图 4-1 为 CY6140 车床电气原理图。

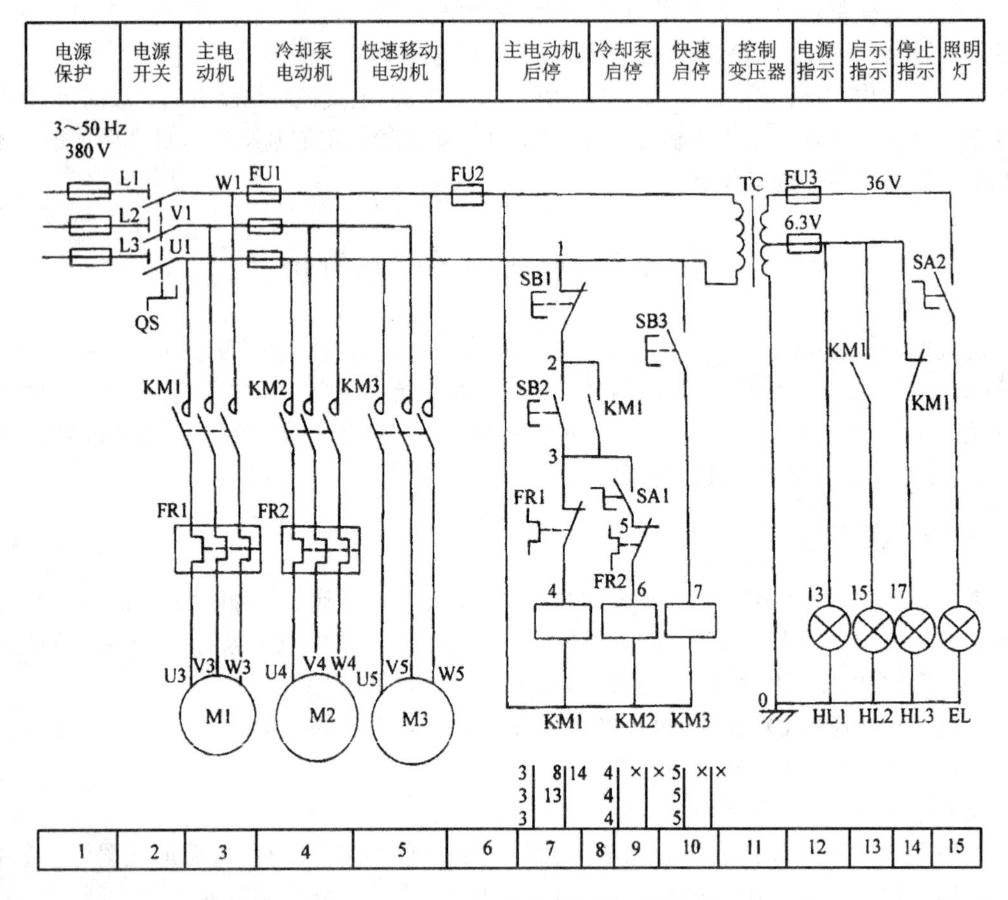

图 4-1　CY6140 车床电气原理图

2. 图面区域的划分

为了便于检索电气线路，方便阅读电气原理图，应将图面划分为若干区域。图区的编号一般写在图的下方，图的上方设有用途栏，用文字注明该栏对应的下面电路或元件的功能，以利于理解原理图各部分的功能及全电路的工作原理。

3. 符号位置的检索

由于接触器、继电器的线圈和触点在电气原理图中不画在一起，其触点分布在图中所需的各个图区。为便于阅读，在接触器、继电器的线圈的下方画出触点的索引表。

接触器索引表各栏含义见表 4-1。

表 4-1　接触器索引表各栏含义

左栏	中栏	右栏
主触点所在图区号	主触点所在图区号	辅助动断触点所在图区号

继电器索引表各栏含义见表 4-2。

表 4-2　继电器索引表各栏含义

左栏	右栏
动合触点所在图区号	动断触点所在图区号

例如,在图 4-1 中,接触器 KM1 及 KM2 的索引表分别为:

KM1			KM2		
3	8	14	4	×	×
3	13		4		
3			4		

KM1 索引表表明:KM1 有 3 对主触点均在 3 图区,两对辅助触点分别在 8 图区及 13 图区,一对辅助触点在 14 图区。

KM2 索引表表明:KM2 有 3 对主触点均在 4 图区,“×”表示没有使用辅助触点,有时也可省去“×”。

二、电气设备安装图

电气设备安装图表示各种电气设备在机械设备和电器控制柜的实际安装位置。各电器元件的安装位置是由机械设备的结构和工作要求决定的。如电动机要和被拖动的机械部件放在一起,行程开关应放在要取得信号的地方,操作元件应放在操作方便的地方,一般电器元件应放在控制柜内。

三、电气设备接线图

电气设备接线图表示各电气设备之间实际接线情况。绘制接线图时应把各电器元件的各个部分(如触点与线圈)画在一起;文字符号、元件连接顺序、线路号码编制都必须与电气原理图一致。

电气设备安装图和接线图用于安装接线、检查维修和故障处理。

第二节　电气设备的安装与调试

一、电气设备的安装

1. 电气接线图的画法

首先应以电气原理图主电路为线索确定各电器的安装位置,然后对照电气原理画出电气接线图。

主电路从电源到电动机端子，一般要依次经过电源开关、控制板的电源进线接线板、熔断器、接触器动合主触头、热继电器及出线接线板。由于电动机和电源开关属于板外电路，可不画出，其余电器应依次排列在控制板上。为方便配线和检修，同类电器(例如，三只熔断器)应排成一列，左右留出 10～15 mm 的空间距离，不宜太近或太远。不同类型的电器前后之间的距离也不宜太远或太近，以不妨碍配线为原则。

电气接线图中的电器主要是画出电气结构件(如触头、线圈等)，所以，电器布线图中电器的轮廓尺寸和安装距离在电气接线图上只能作参考。在不改变电器位置关系的前提下，以能清晰地画出接线图，并能据此进行实际配线为准。画电气接线图时应注意以下几点。

①同一电路中所有元器件(如同一接触器的主、辅触头和线圈)应根据线路走向按实体轮廓集中画在一起。各元器件的图形符号应和电气原理图中的符号相同。

②连接导线应画得横平竖直，转弯处应画成直角。按主、控电路分类，凡同类(主或控)电路同一配线路径的若干根连接线应合并成一根汇总线(即所谓集束表达方式)画出。当从某一接线桩引出的导线进入或离开汇总线时，进、出汇交点应画得倾斜，以示出导线的来路和去向。

③各元件接线桩标号应和电气原理图中的相应线端标号一致，通过导线直接短接的若干个接线桩的接线标号应相同。

④按钮、行程开关、速度继电器等板外电器一律画在板外。当板内与板外电器有连接关系时，一律通过板上的接线板相连。

⑤画完接线图后应进行复查，检查各接线桩的标号与电气原理图是否一致，检查接线标号相同的接线桩之间的连线标号是否相同。

图 4-2(a)为具有过载保护的电动机正转控制原理图，图 4-2(b)为控制接线图，它是根据原理图并且考虑到各电器元件的安装位置绘制的。

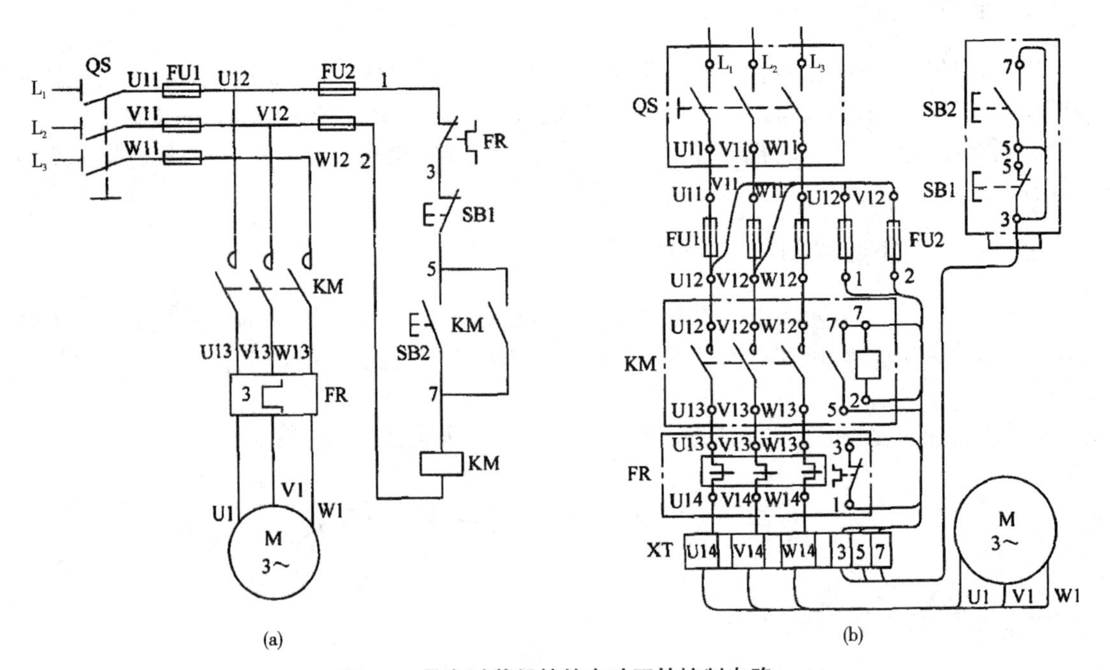

图 4-2 具有过载保护的电动正转控制电路

(a)原理图；(b)接线图

2.电器元件的清点和检查

根据电器布置图清点电器元件,检查电器元件的种类、数量、型号规格及元件功能是否正常或损坏,否则应进行修理或更换。

3.电器元件的安装

根据电器布置图,将电器元件用螺钉牢固地安装在控制板指定位置。由于电器的安装孔大都在陶瓷、塑料或胶木压制品上,拧螺钉时不可用力过猛,否则会拧破安装孔。要求电器元件与底板保持横平竖直,所有电器元件在底板上应牢固固定,不得松动。安装接触器时,要求散热孔朝上。

4.控制箱的配线

控制箱配线常用明配线、塑料穿线槽配线和暗配线。

(1)明配线

明配线又称板前配线,如图4-3所示。它是将电器元件之间的连接部分全部安装在板前。主电路的连接线一般采用较粗的2.5 mm²的单股塑料铜芯线;控制电路一般采用1.0 mm²的单股塑料铜芯线,并且要用不同颜色的导线区别主电路、控制电路和地线。

明配线安装的特点是线路整齐美观,导线去向清晰,便于查找故障。

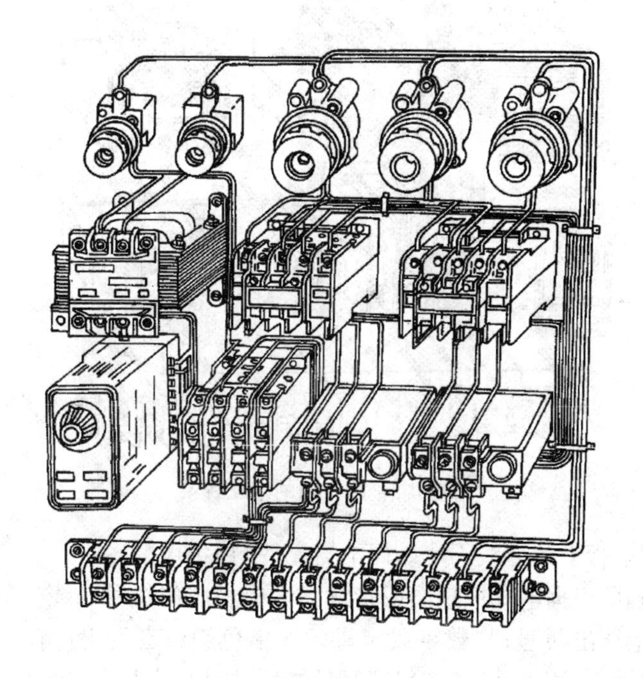

图4-3　配电板的明配线

(2)塑料穿线槽配线

当电气控制柜内的空间较大时,可应用塑料穿线槽的配线方式。塑料穿线槽由盖板及槽底座组成,外形如图4-4所示。槽中空间容纳导线,缺口供导线进出用。由于电器元件的所有连接导线都要通过塑料穿线槽,所以在电气安装板的四周都需配置穿线槽。塑料穿线槽可用螺钉固定在底板上。

塑料穿线槽配线的特点是:配线效率高,省工时,对电器元件在底板上的排列方式没有特

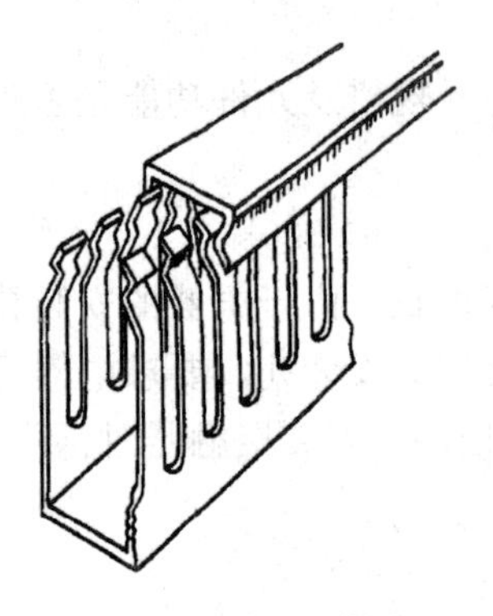

图 4-4 塑料穿线槽配线

殊要求，在维修更换电器元件时，对线路结构完整性也无影响，但配线所用导线的数量较多。

(3)暗配线

暗配线又称板后配线，如图 4-5 所示。当各电器元件在配电板上的位置确定后，在每一个电器元件的接线端处钻削出比连接导线外径略大的孔，并在孔中插进塑料套管，即可穿线。

暗配线的特点是配线速度较快，容易长时间保持板面的整洁；缺点是维修时如导线磨损或导线管脱落，查对线号较困难。

(4)配电板配线的注意事项

①配电板上导线应配置整齐美观，横平竖直，转弯处尽可能是直角。成排、成束的导线应由线夹固定在配电板上。

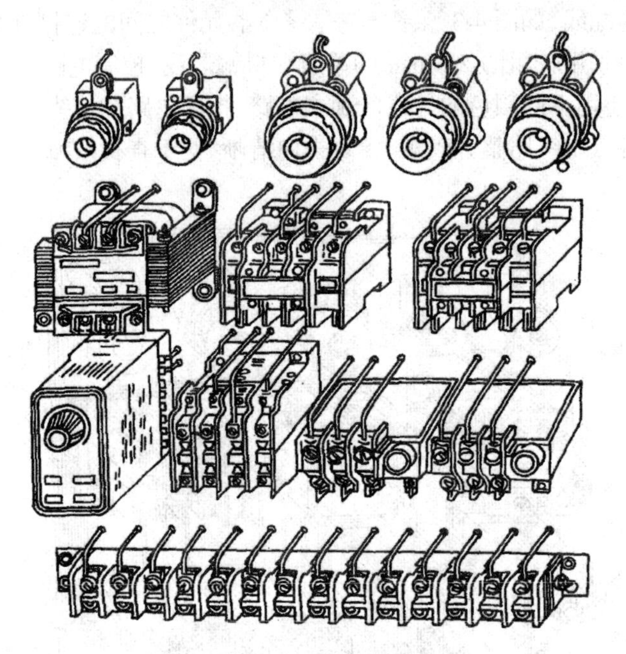

图 4-5 配电板的暗配线

②明配线时，配电板上的导线不应妨碍电器元件的拆卸。

③连接线的两端应根据电气原理图或接线图套上相应的线号。线号的印制方法有：用压印机在异形塑料管上压出线号；将数字或字母印在白色塑料套管上；有时也采用人工书写线号，此时除了书写要端正、清晰外，还应保证线号能长时间不消失。在线端上套(或贴)号码时，要遵循制图标准。在聚氯乙烯软管上书写线号的药水为环己酮和龙胆紫调成的墨水，也可用 300 mL 的二氯乙烷(或二氯乙烯)加 2 g 龙胆紫(或 3.5 g 苯胺黑)调和后再滴入 30 滴冰醋酸而成。书写完毕后，可适当加温，以防止字迹模糊、消失。

④根据两端接线端子的要求，将削去绝缘的导线线头按螺栓拧紧方向弯成圆环或直接压上，多股线压头处应烫上焊锡。

⑤在同一接线端子上压两根以上不同截面导线时，大截面放下层，小截面放上层。

⑥所有压接螺栓需配置镀锌的平垫、弹簧垫，并要牢固压紧，防止松动。

⑦接线完毕,应根据接线图或原理图仔细检查各电器元件间与接线端子间及它们相互之间的接线是否正确。

二、电气设备的调试

1.不通电自检

①核对接线桩的接线标号是否与接线图完全一致,连接导线有无接错或漏接。

②检查各电器元件安装是否牢固,线头与接线桩连接是否有脱落或松动,标号牌有无漏套或书写不清或装倒等。

③检测主电路及控制电路功能是否接通正常。用电阻测量法能迅速有效地找出故障原因。电阻测量法的优点是安全;缺点是测量不准确时易造成判断错误。为此应注意以下几点:

a.用电阻测量法检查故障时一定要断开电源;

b.所测量电路与其他电路并联时,必须将该电路与其他电路断开,否则所测电阻值不准确;

c.测量高电阻电器元件时,要将万用表的电阻挡扳到适当位置。

2.一般检验与试车

(1)试车前的检查

①用绝缘电阻表(摇表)对电路进行测试,检查电器元件及导线绝缘是否良好,相间或相线与底板之间是否短路。

②用摇表对电动机及电动机引线的对地绝缘进行测试,检查有无对地短路现象。断开电动机三相绕组间的连接头,用摇表检查电动机引线相间绝缘是否良好,检查有无相间短路现象。

③用手转动电动机转轴,观察电动机转动是否灵活、有无噪声及卡住现象。

④断开交流接触器下接线端上的电动机引线,接上启动和停止按钮。在电气柜电源进线端通上三相额定电压,按启动按钮,观察交流接触器是否吸合,松开启动按钮后能否自保持住,然后用万用表交流 500 V 档测量交流接触器下接线端有无三相额定电压,是否断相。如果电压正常,按停止按钮,观察交流接触器是否能断开。一切动作正常后,断开总电源,将交流接触器下接线端头电动机引线复原。

(2)试车

试车步骤如下。

①合上总电源开关。

②左手手指触摸启动按钮,右手手指触摸停止按钮。左手按压启动按钮,电动机启动后,注意观察电动机有无异常声音及转向是否正确。如果有异常声音或转向不对,应立即按停止按钮,使电动机断电。断电后,电动机依靠惯性仍在转动。此时,注意是否还有异常声,如仍有异常声音,可判定是机械部分发生故障;如无异常声音,可判定是电动机电气部分故障发出噪声及转向异常。若电动机转向不对,可将接线盒打开,将电动机电源进线中的任意两相对调即可。

③再次启动电动机前,用钳形电流表卡住电动机三根引线中的一根,测量电动机的启动电流。电动机的启动电流一般是额定电流的 5 ~ 7 倍。测量时,钳形电流表的量程应超过这一数值的 1.2 ~ 1.5 倍,否则容易损坏钳形电流表或测量不准确。

④电动机启动并转入正常运行后,用钳形电流表分别依次卡住电动机的三根引线,测量电动机的三相电流是否平衡,测量空载电流和负载电流是否超过额定值。

⑤如果电流正常,电动机应运行30 min,运行中也应不断进行测试。另外,应检查电动机长时间运行中的温升。

3.通电试车

将电源线接入控制板。合闸时,先闭合电源开关,后按启动按钮;分闸时,先按停止按钮,后断电源开关。

第三节 电气设备的维修

一、电气设备的日常维护

为了保证各种电气设备的安全运行,必须坚持经常性的维护保养。电气设备的维护一般包括:更换时正确选用熔断器的熔体;检查连接导线有无断裂、脱落,绝缘是否老化;检查接触器的触头是否接触良好,热继电器的动作值与设定值是否一致;经常清理电器元件上的油污和灰尘,特别要清除铁粉等导电物质,并定期对电动机进行中修和大修等。雨季要防止绝缘受潮漏电。维护时,还必须注意安全,电气设备的接地或接零必须可靠。

通过日常维护,既能减少故障,又能及时发现隐藏着的故障。

电气设备日常维护的对象一般包括电动机、控制电气柜(包括接触器、继电器及保护装置)和电气线路。维护时应注意以下几点:

①当机床加工零件时,金属屑和油污易进入电动机、控制电器柜和电气线路中,造成绝缘电阻下降、触头接触不良、散热条件恶化,甚至造成接地或短路,因此,要经常清扫电器柜内部的灰尘和油污;

②维护检查时,应注意电器柜内的接触器、继电器等所有电器的接线端子是否松动或损坏,接线是否脱落等;

③检查电器柜内的各电器元件和导线是否有浸油或绝缘破损的现象,若有先进行处理;

④为保证电气设备各保护装置的正常运行,维护时,不准随意改变热继电器、低压断路器的整定值;

⑤更换熔体时,必须按要求选配,不得过大或过小;

⑥加强在高温、雨季、严寒季节对电气设备的维护和检查;

⑦定期对电动机进行小修和中修。

二、电气设备的常见故障分析和检修

电气设备在运行中可能发生故障,严重的还会引起事故。这些故障主要分为两大类:一类是有明显的外表特征并容易被发现的,例如电动机的绕组过热、冒烟,甚至发出焦臭味或产生火花等,在排除这类故障时,除更换损坏的电动机绕组或线圈外,还必须找出和排除造成上述故障的原因;另一类故障是没有外表特征的,例如在控制电路中由于电器元件调整不当、动作失灵或小零件损坏及导线断裂等原因引起的,这类故障在机床电路中经常碰到,由于外表没有明显的特征,常需要用较多的时间去寻找故障原因,有时还需运用各类测量仪表和工具才能找

出故障。找出故障是机床电气设备检修的前提。

电气设备发生故障后一般检查和分析方法如下。

1.修理前的调查研究

(1)看

观察熔断器内熔体是否熔断,其他电气元件有无烧毁、发热、断线,导线连接螺钉是否松动,有无异常气味等。

(2)问

发生故障后,向操作者了解故障发生前后的情况,这有利于根据电气设备的工作原理判断发生故障的部位,分析故障原因。一般询问项目是:故障是经常发生还是偶尔发生,有哪些现象(如响声、冒火、冒烟等);故障发生前有无频繁启动、停止、过载,是否经过保养检修等。

(3)听

电动机、变压器和有些电器元件在正常运行时的声音和发生故障时的声音有无明显差异,听它们的声音是否正常,可以帮助寻找故障部位。

(4)摸

电动机、变压器和电磁线圈等发生故障时,温度显著上升,可切断电源用手去摸一摸。

看、问、听、摸是寻找故障的第一步,有些故障还应进一步检查。

2.根据电气原理图分析故障范围

为了能迅速找到故障位置,必须熟悉电气线路。不同的故障有时会出现相似现象;同一种故障在不同情况下会出现不同的现象。因此,要做到有目的地检查故障,并能够正确地判断和迅速排除故障,就必须了解电气线路的工作原理。

例如,机床的电气线路是根据机床的用途和工艺要求确定的,因此了解机床的基本工作原理、加工范围和操作程序对掌握机床电气控制线路的原理和各环节的作用具有一定的意义。任何一台机床的电气控制线路总是由主电路或控制电路两大部分组成,而控制电路又可分为若干个控制环节。分析电路时,首先从主电路入手,了解机床各运动部件和辅助机构采用了几台电动机传动,从每台电动机主电路中所使用的接触器的主触头的连接方式,可以看出电动机是否有正反转控制或制动控制,再根据接触器主触头的文字符号从控制电路中找到对应的控制环节和各环节间的关系,联系到机床对控制电路的要求和前面所述的各种环节电路的知识,逐步深入了解各个环节电路的电器组成以及各环节间的联系等。在弄清控制线路原理的基础上,对照电气控制箱内的电器,进一步熟悉每台电动机各自所用的控制电器和保护电器。

3.确定故障发生的范围

从故障现象出发,按设备工作原理进行分析,便可判断故障发生的可能范围,找出故障发生的确切部位。

4.进行外表检查

在判断出故障范围后,对此范围内的电器元件进行外表检查,常能发现故障的确切部位。例如,接线头脱落、触头接触不良或未焊牢、弹簧断裂或脱落以及线圈烧坏等,都能明显地表明故障点。

5.检查试验控制电路的动作顺序

经外表检查未发现故障点时,可进一步检查电器元件的动作情况。例如,检查操作开关或按钮,查看各继电器、接触器触头是否按规定顺序动作。若不符合规定,说明与此电器有关的电路存在问题,再逐项分析和检查此电路,一般便可发现故障。在检查时常用一段导线逐段短接来缩小检查故障范围,但必须注意人身及设备安全。要遵守安全操作规程,不得随意触动带电部分,要尽可能切断电动机主电路电源,只在控制电路带电的情况下检查;如需电动机运转,则应使其在空载下运行,避免机床运动时因误动作而发生撞击;要暂时隔断有故障的主电路,以免故障扩大,并预先充分估计到局部运动部分动作后可能发生的不良后果。

6.利用仪表器材检查

利用各种电工测量仪表对电路进行电阻、电流、电压等参数的测量,以此进一步寻找或判断故障,是电器维修工作中的一项有效措施。如利用万用表、钳形表、绝缘电阻表、验电器等检查线路,能迅速有效地找出故障原因。下面介绍几种常用的方法。

(1)电压测量法

在检查电气设备时,经常用测量的电压值判断电器元件和电路的故障点。测量电压时把万用表拨到交流电压 500 V 挡位上。

(2)电阻测量法

将万用表拨到电阻挡,参照负载阻值选择合适的挡位,逐级接通线路进行测量。当电阻值不正常时,表明负载两端线路短路或断路。

(3)短接法(机床电气)

机床电气设备的常见故障为断路故障,如导线断路、虚接、虚焊、触头接触不良、熔断器熔断等。对这类故障,除用电压法和电阻法检查外,还有一种更为简便可靠的方法,就是短接法。检查时,用一根绝缘良好的导线将可能发生断路的部位短接,如短接到某处,电路接通,说明该处断路。

用短接法检查故障时应注意以下几点:

①短接法是手持绝缘导线带电操作的,所以一定要注意安全,避免触电;

②短接法只适用于电压降极小的导线及触头类的断路故障,对于电压降较大的电器(如电阻、线圈、绕组等短路故障),不能采用短接法,否则会出现短路故障;

③对于机床的某些要害部位,必须在保障电气设备或机械部位不会出现事故的情况下,才能使用短接法。

7.采用逻辑分析法

对于复杂的控制线路,则必须很好地分析研究系统原理,应采用逻辑分析方法。逻辑分析法是根据控制系统的工作原理、控制环节的动作程序以及它们之间的逻辑关系,结合故障现象进行分析,不断缩小故障范围,判断故障所在。采用逻辑分析法能做到既准、又快。因为条件复杂,弄错和遗漏总是难免的。当故障可能发生的范围较大时,还可对中间环节进行分析和试验,这将使故障范围大大缩小,加快查出故障。

三、电气线路常见故障分析及维修

由于机械设备种类繁多,结构及运动形式不同,因而对电气控制线路的要求也不同,加上设备运行过程中负载的变化和工作环境的变化以及元件的磨损等诸多因素的影响,电气线路的故障也不是千篇一律的,即使有同一个故障现象,原因有时也不相同。因此,在电气线路的故障分析及维修过程中,没有现成的方法可以套用。但是,这并不意味着完全没有规律可循。大家知道,再复杂的控制线路也都是由一些最基本的控制单元电路组成的。只要掌握了基本控制电路的动作原理和前面介绍的电气设备和低压电器发生故障的一般规律及处理方法，在能读懂一般电气控制线路图的基础上，运用理论与实际相结合的方法分析与处理实际问题，就能比较容易地找出故障部位和故障原因并排除之。

一般的电气线路故障按故障范围可分为局部故障和整体故障两大类。对于局部故障来说，应首先根据故障现象划定故障的大致范围，然后将一个比较复杂的电气控制系统“化整为零”，采用“各个击破”的方法进行局部分析和处理。整体故障应在了解整个控制线路中各个控制单元之间的逻辑关系的基础上，将电路“化零为整”，着重对公共电路和相互关联的电路进行分析及处理。

1.电气线路局部故障的分析及修理

常见电气线路的局部故障有不能启动或失去控制(如单个电动机或用电器)两种情况。通常表现为设备的某一运动部件不能动作或动作失灵。分析和处理的过程如下。

(1)检查主电路

用试电笔或万用表的电压挡(分清交、直流)检查控制该电动机(或用电器)的主电路电源电压是否正常，其步骤如下：

①若电压不正常，应检查主电路上熔断器的熔体是否熔断，当发现熔体熔断时，按熔断器的故障分析及处理方法进行修理；

②若电压正常，检查主电路上热继电器是否因电动机过载动作后未能复位，按下复位按钮，再新启动电动机，若发现控制主电路的接触器不动作，则进行下一步。

(2)检查控制(辅助)电路

主电路上某接触器不动作，故障点常发生在该接触器的控制支路上。检查方法如下：

①检查控制变压器输出电压是否正常，若不正常，应检修或更换控制变压器；

②检查控制电路上熔断器的熔体是否熔断；

③检查该控制支路上串联的接触器的电磁线圈及各电气元件的触点是否连通；

④检查启动按钮是否正常。

检查过程中若发现问题，应按低压电器常见故障的分析和修理方法处理，直到接触器能动作为止。若电动机仍不能启动，则应进行下一步。

(3)返回主电路

①检查接触器主触头闭合是否良好，断电时是否有火花。

②检查热继电器接线螺钉是否拧紧或发热元件是否变色。

③检查电动机接线端子是否良好或内部绕组有无断路现象。

2.电气线路整体故障的分析及修理

电气线路的整体故障一般表现为：整台机器的各个电气设备都不能启动或动作失常。其分析和处理的一般过程如下。

(1)检查主电路的公共通道

步骤如下：

①检查设备电源引进接线端的电压是否正常；

②检查电源引进组合开关工作是否正常；

③检查主电路公共通道上熔断器的熔体是否熔断；

④检查主电路公共通道上接触器动作是否正常。

若检查过程中未发现问题，则进行下一步。

(2)检查控制电路的公共通道

步骤如下:

①检查控制变压器输出电压是否正常;

②检查控制电路的公共通道上熔断器的熔体是否烧断;

③检查控制电路的公共通道上串联的接触器线圈和所有电器的触头是否连通(包括机、电和液压连锁部分);

④检查有关中间继电器的动作是否正常等。

若检查过程中发现问题,应按低压电器常见故障的分析和修理方法进行处理。

在分析和处理电气线路故障的过程中,应特别注意电气控制系统与机械系统、液压系统之间的配合关系。有些设备的机、电、液系统之间的配合十分密切,电气线路的正常工作往往与机械系统、液压系统的正常工作是分不开的。熟悉这种关系有时会成为判断设备故障性质及迅速处理电气故障的关键。

总之,电气设备控制线路故障的分析与维修是一门综合性和实践性很强的技术。要求修理人员有扎实的机、电类专业基础知识和较强的动手能力。同时要注意在每一次实际检修中及时总结经验,做好检修记录,以备日后维修时参考,并通过对历次故障的分析和检修,采用积极有效的措施,防止再次发生类似的故障。

本章小结

本章重点介绍了电气原理图中各功能电路的表示方法和设计规范,较详细地阐述了电气原理图与电气设备安装图、接线图之间的关系,明确了在工程实施过程中每种图纸的特殊作用,并通过典型电气设备——机床,介绍了电气设备日常维修、常见故障分析和解决方法。

第五章　电子元件的识别及焊接工艺

任何电子产品都离不开电子元器件，了解、熟悉电子元器件的种类、结构、性能，正确选用电子元器件，是学习和掌握电子技术的基本功之一。

第一节　电阻器、电感器、电容器的基本知识

电阻器、电感器、电容器称为三大基础元件，它们大量应用于电子产品中，占据电子产品总元件数的50%以上。

一、电阻器

1.电阻器的种类

电阻器的外形结构如图5-1和图5-2所示。电阻器是工程上用得最多的元件之一，其种类繁多。按结构分，电阻器可分为固定电阻器和可变电阻器两大类。按用途分，电阻器可分为精密电阻器、高频电阻器、高压电阻器、大功率电阻器、热敏电阻器和贴片电阻器等。其型号和命名方法见表5-1。

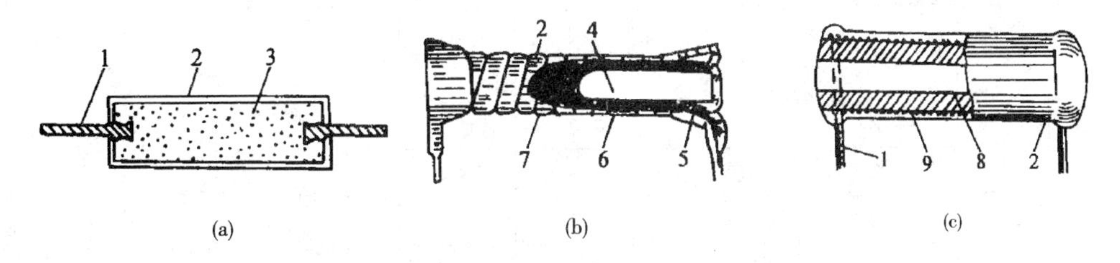

图5-1　电阻器的外形和结构

(a)实芯碳质电阻器；(b)碳膜电阻器；(c)线绕电阻器

1—引线　2—保护漆层　3—电阻合成物　4—陶瓷棒　5—金属帽

6—螺纹刻槽　7—电阻薄膜　8—陶瓷管　9—电阻丝

2.电阻器的主要参数

电阻器的主要参数有标阻值、允许偏差、额定功率、最高工作温度、最高工作电压、噪声、温度特性和高频特性等。一般情况下选用电阻时只考虑标称阻值、允许偏差和额定功率，其他参数只在特殊情况时考虑。

(1)标称阻值

标称阻值指标注于电阻体上的名义阻值，单位为欧(Ω)、千欧(kΩ)、兆欧(MΩ)。

(2)允许偏差

标称阻值与实际阻值的相对允许误差称为允许偏差。常见允许偏差为±5%(Ⅰ级)、±10%(Ⅱ级)、±20%(Ⅲ级)。

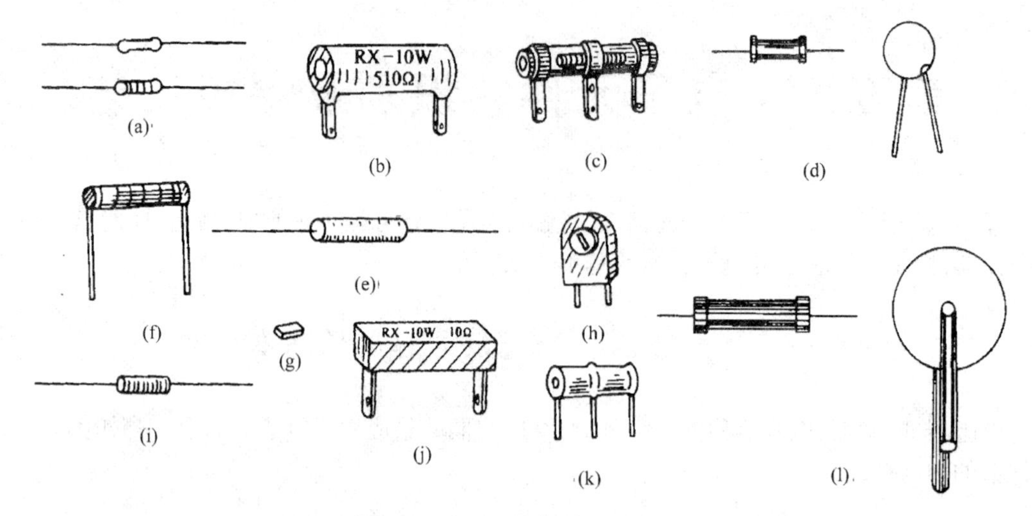

图 5-2　常用电阻器的外形结构

(a)金属膜电阻器;(b)线绕电阻器;(c)滑线式电阻器;(d)热敏电阻器;(e)玻璃釉电阻器;(f)碳膜电阻器;(g)片状电阻器;(h)可变电阻器;(i)有机实芯电阻器;(j)水泥电阻器;(k)固定抽头电阻器;(l)压敏电阻器

表 5-1　电阻器的型号和命名方法

第一部分:主称		第二部分:电阻体材料		第三部分:类别		第四部分:序号
字母	含义	字母	含义	符号产品	类别	用数字表示
R	电阻	T	碳膜	0		用数字 1、2、3 等表示。 说明:对主称、材料、特征相同仅尺寸、性能指标有差别,但不影响互换的产品标同一序号;若因尺寸、性能指标有差别而影响互换时,要标不同序号,以示区别
				1	普通	
		H	合成膜	2	普通	
		S	有机实芯	3	超高频	
		N	无机实芯	4	高阻	
		J	金属膜	5	高阻	
		Y	金属氧化膜	6		
		C	化学沉积膜	7	精密	
		I	玻璃釉膜	8	高压	
		X	线绕	9	特殊	
				G	高功率	
				W	微调	
				T	可调	
				D	多圈	

(3)额定功率

额定功率指电阻器在环境温度为 + 25 ℃长期稳定工作时耗散的功率。成品电阻器常见的额定功率有 0.125 W、0.5 W、1 W、2 W、4 W、10 W、20 W 等。

(4)标称阻值的表示

电阻器标称阻值的表示方法有直标法、文字符号法和色标法。

选用电阻器时,应注意其全标志,即电阻器型号、额定功率、标称阻值、允许偏差等。例如,RJ-0.125-1 kΩ- ± 10%表示金属膜电阻,功率为 0.125 W,标称阻值为 1 kΩ,允许偏差为 ± 10%。

(5)色环标志法

体积很小和合成电阻上印有 4 道或 5 道色环表示阻值和误差,阻值的单位是 Ω,如图 5-3 所示。

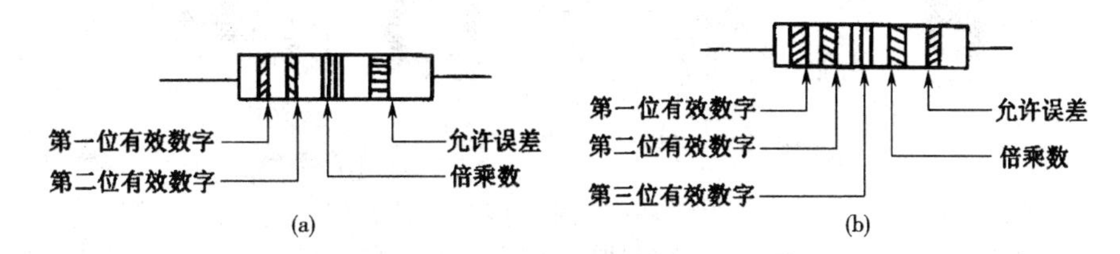

图 5-3　电阻器标称阻值的色环标志法

(a)四环电阻器;(b)五环电阻器

对于四环电阻器,第 1 道和第 2 道色环分别表示第一位和第二位有效数字,第 3 道色环表示前两位数再乘以倍乘数 10^n(为颜色表示的数字),第 4 道色环表示阻值的允许误差。对于五环电阻器,第 1、第 2、第 3 道色环分别表示第一、第二、第三位有效数字,第 4 道色环表示前三位数再乘以倍乘数 10^n(为颜色表示的数字),第 5 道色环表示阻值的允许误差。表 5-2 列出了色环所表示的数字和允许误差。例如

	第 1 道环(橙色)	第 2 道环(蓝色)	第 3 道环(橙色)	第 4 道环(银色)
表示的数字	3	6	10^3	± 10%

其阻值为 $36 \times 10^3 (1 \pm 10\%)$ Ω。

又如,色环颜色为红黄黑红金的电阻器,阻值为 $240 \times 10^2 (1 \pm 5\%)$ Ω。

表 5-2　色环所表示的数字和允许误差

色别	银	金	黑	棕	红	橙	黄	绿	蓝	紫	灰	白	无色
有效数字	—	—	0	1	2	3	4	5	6	7	8	9	—
次方数	10^{-2}	10^{-1}	10^0	10^1	10^2	10^3	10^4	10^5	10^6	10^7	10^8	10^9	—
允许误差	± 10%	± 5%	—	± 1%	± 2%	—	—	± 0.5%	± 0.25%	± 0.1%	—	—	± 20%
误差代码	K	J		F	G			D	C	B		M	

3.电阻器的测量

电阻器在使用前要进行测量,看阻值是否与标称阻值相符。离线情况下一般电阻可用指针式或数字式万用表测量;精密电阻和低值电阻要用电桥测量;绝缘电阻要用兆欧表测量。特殊情况下可用 U/I 法测量。

4.电位器

电位器外形如图 5-4 所示。电位器按电阻体所用材料不同,分为碳膜电位器、线绕电位器、金属膜电位器、碳质实芯电位器、有机实芯电位器、玻璃釉电位器等。按结构不同,分为单圈、多圈电位器和单联、双联电位器以及带开关电位器等。按调节方式不同,分为旋转式电位

器、直滑式电位器。

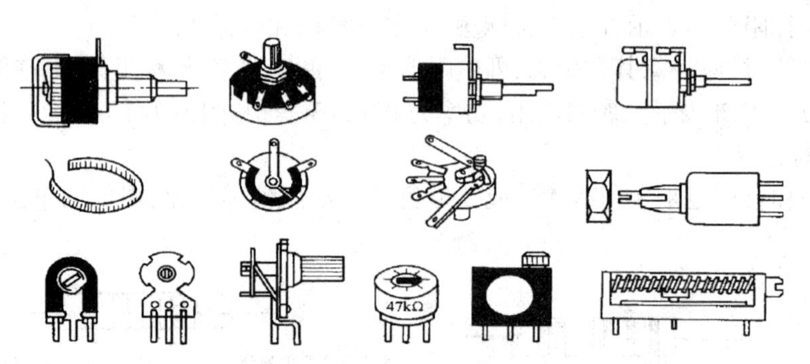

图 5-4 电位器外形

电位器除标称阻值、允许偏差、额定功率等指标与固定电阻器相同外，还有电阻变化规律(直线式、指数式和对数式)，如电位器的阻值随转轴旋转角度或行程而变化。

使用电位器前，除了要用万用表检查标称阻值外，还应转动转轴，检查阻值是否连续变化，有无断路和短接，开关是否良好等。命名方法见表 5-3。

表 5-3 电位器型号命名方法

主称		材料		分类				序号
符号	含义	符号	含义	符号	含义	符号	含义	含义
W	电位器	J	金属膜	1	普通	D	多圈旋转精密	用数字表示生产序号
		Y	氧化膜	2	普通	M	直滑式精密	
		X	线绕	G	高压	X	旋转低功率	
		S	有机实芯	H	组合	Z	直滑式低功率	
		N	无机实芯	B	片式	P	旋转功率	
		H	合成碳膜	W	螺杆驱动预调	L	特殊类	
		I	玻璃釉膜	Y	旋转预调			
		D	导电塑料	J	单圈旋转精密			
		F	复合膜	T	特殊类			

二、电容器

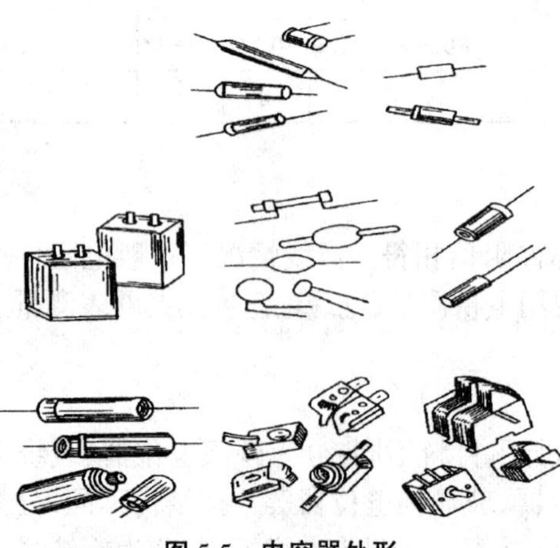

图 5-5 电容器外形

1. 电容器的种类

电容器的外形如图 5-5 所示。按结构可分为固定电容器、可变电容器、半可变电容器。按介质材料可分为气体介质电容器(如空气可变电容器)、液体介质电容器(如油浸电容器)、有机固体介质电容器(如聚丙烯电容器)和电解电容器等。电解电容器按阳极材料分为铝电解电容器，钽、铌、钛等电解电容器。按极性可分为有极性和无极性电容器，还有新型的片状电容器、独石电容器等。命名方法见表 5-4。

表 5-4　电容器材料、特征的表示法

第一部分		第二部分		第三部分		第四部分
用字母表示主称		用字母表示材料		用字母表示特征		用数字或字母表示序号
符　号	意　义	符　号	意　义	符　号	意　义	意　义
C	电容器	C	1类陶瓷介质	W	微调型	包括:品种、尺寸代号、温度特性、直流工作电压、标称容量、允许误差、标准代号
		I	玻璃釉介质	J	金属化型	
		Y	云母介质	X	小型	
		Z	纸介质	D	低压型	
		J	金属化纸介质	Y	高压型	
		L	极性有机薄膜介质	M	密封型	
		N	铌电解			
		O	玻璃膜介质			
		V	云母纸介质			
		Q	漆膜介质			
		S	3类陶瓷介质			
		T	2类陶瓷介质			
		B	非极性有机薄膜介质			
		D	铝电解			
		G	合金电解			
		A	钽电解			
		E	其他材料电解			
		H	纸膜介质			

2.电容器的主要参数

(1)标称容量和允许偏差

标志于电容体上的电容量数值称为电容器的标称容量,常用单位为微法(μF)、纳法(nF)或皮法(pF)。

(2)额定直流电压

额定直流电压表示电容器长期稳定正常工作时两端可施加的直流工作电压。不同种类有不同的额定直流电压系列,如 CC1 型低频陶瓷电容器,额定直流电压系列为 63 V、160 V、250 V、500 V。电容器用于交流电路时,交流电压幅值不能超过额定的直流工作电压,否则将被击穿,甚至爆裂。

(3)绝缘电阻

绝缘电阻指电容器两极间介质的电阻,有时亦称为漏电阻。绝缘电阻越大,性能越好。

选用电容器时应注意其全标志,即电容器型号、额定直流电压、标称容量、允许偏差,如 CT4L-100V-0.01 μF-±10%,表示多层瓷介电容(独石电容),额定直流电压为 100 V,标称容量为 0.01 μF,允许偏差为±10%。

三、电感器

1. 电感器的种类和外形(图 5-6)

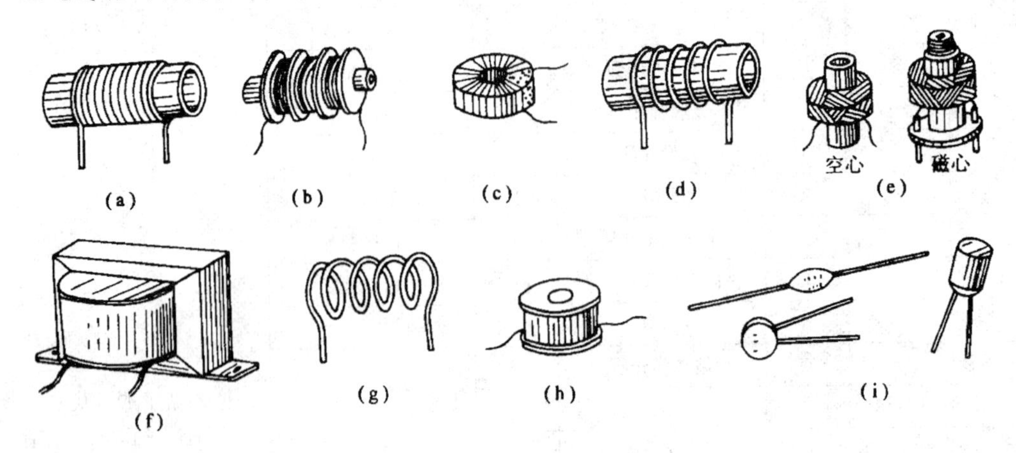

图 5-6 常用电感器的外形

(a)单层空心线圈;(b)多层空心线圈;(c)磁心线圈;(d)间绕空心线圈;(e)蜂房式线圈;
(f)低频扼流圈;(g)脱胎空心线圈;(h)高频扼流圈;(i)固定电感器

电感器的种类很多,通常按电感量分为固定电感器、可调电感器、微调电感器等。按磁体的性质分为空心电感器、磁芯电感器。按结构形式分为单层线圈、多层线圈、蜂房线圈。电感器的线圈常采用漆包线、纱包线、镀银裸铜线或空心铜管绕制而成。小容量电感器多制成空心电感器,它的损耗小,品质因数高,分布电容小,广泛用于高频、超高频电路中。这类电感器无成品出售。为减小电感的体积,电子电路广泛使用磁芯电感器。电感器型号的命名方法如图 5-7 所示。

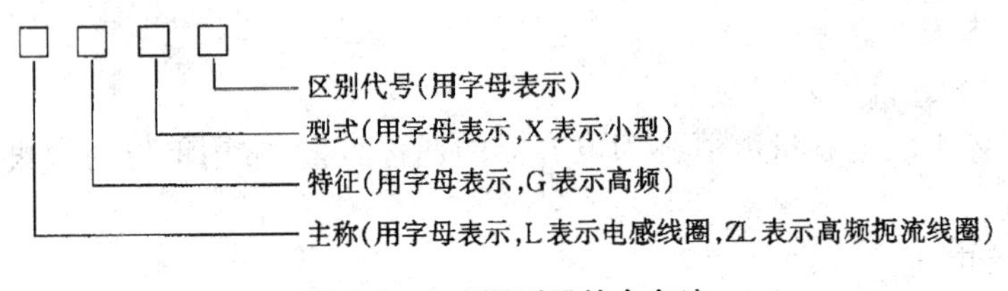

图 5-7 电感器型号的命名法

2. 电感器的主要参数

(1)标称电感量

标称电感量指标注于电感体上的名义电感量,标志方法如下。

1)直接标志法 即将电感量直接以文字的形式印制在电感器上,如图 5-8(a)所示。

2)色环标志法 即用色环表示电感量,单位为 mH。色环标志法如图 5-8(b)所示,第 1、2 道环表示两位有效数字,第 3 道环表示倍乘数,第 4 道环表示允许误差。各色环颜色的含义与电阻器色环标志法基本相同。

(2)品质因数

电感器的品质因数 Q 是标志电感器好坏的一个重要参数。它表示在某一工作频率下,线圈的感抗与其等效直流电阻的比值，即 $Q=\omega L/R$。通常情况下，品质因数 Q 的值越高，线圈的铜损越少。在选频电路中，Q 值越高，选频特性也就越好。

(3)允许偏差

允许偏差指标称电感量与实际电感量的允许相对误差。常见允许偏差为 ±5%（Ⅰ级）、±10%（Ⅱ级）和 ±20%（Ⅲ级）。

(4)额定工作电流

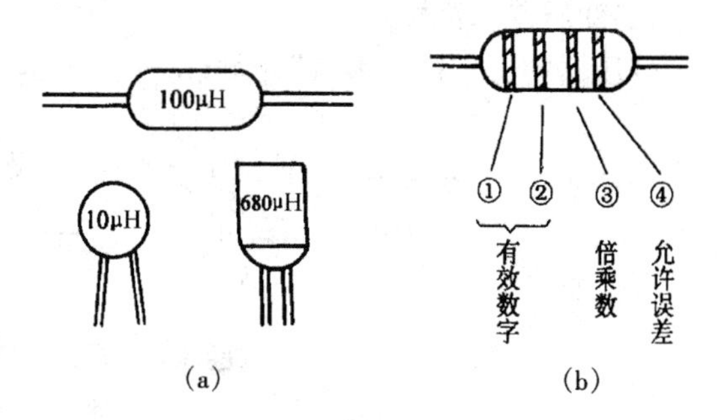

图 5-8　电感器电感量的标志方法

(a)直接标志法；(b)色环标志法

电感器在规定环境温度下长期稳定工作所允许通过的电流称为额定工作电流，单位为毫安(mA)或安(A)。

标称电感量和允许偏差一般直接标注于电感器上，如 500 μH-Ⅱ，即标称电感量 500 μH，允许偏差为 ±10%。

3.电感器的检测

(1)外观检查

检查电感器线圈有无松散，引脚有无折断、是否生锈等。

(2)万用表检查

用万用表的欧姆挡检测电感器线圈的直流电阻。若直流电阻阻值无穷大，则说明线圈内部(或线圈与引出线之间)断路；若所测阻值比正常值小得多，则说明线圈局部有短路；若阻值为零，则说明线圈被完全短路。

(3)其他情况

对于有金属屏蔽罩的电感器线圈，需要检查线圈与屏蔽罩之间是否发生短路；对于有磁芯的可调电感器，要求螺纹配合良好。

四、变压器的识别和检测

1.变压器的识别

(1)变压器的类型

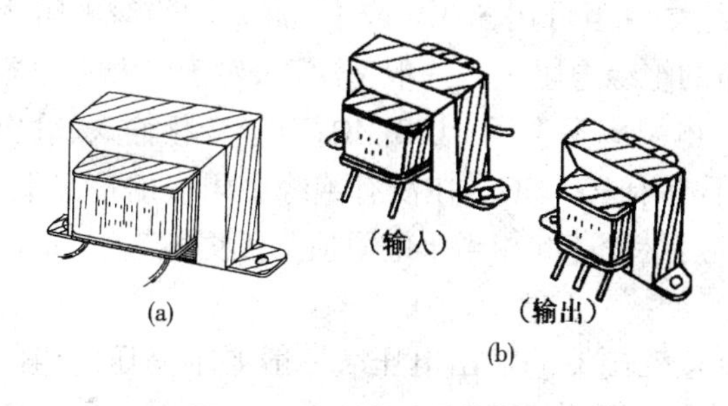

图 5-9　常用变压器的外形

(a)电源变压器；(b)音频变压器

这里讲的变压器主要是指电子产品中常用的变压器。它的种类繁多、大小不同、形状各异。根据变压器工作频率的不同，可分为电源变压器、音频变压器、中频变压器和高频变压器。电源变压器包括降压变压器、升压变压器、隔离变压器等。音频变压器包括输入变压器、输出变压器等；中频变压器又分为单调谐式和双调谐式变压器等。收音机中的天线线圈、振荡线圈以及电视机天线阻抗变换器、行输出等脉冲变压器都属于高频变压器。根据结构与材料的不同，变压器又可分为铁芯变压器、固定磁芯变压器、可调磁芯变压器等。铁芯变压器适于工作在低频，磁心变压器更适合于高频。常用变压器的外形如图 5-9 所示。

(2)变压器的符号

变压器的文字符号为“T”,图形符号如图5-10所示。

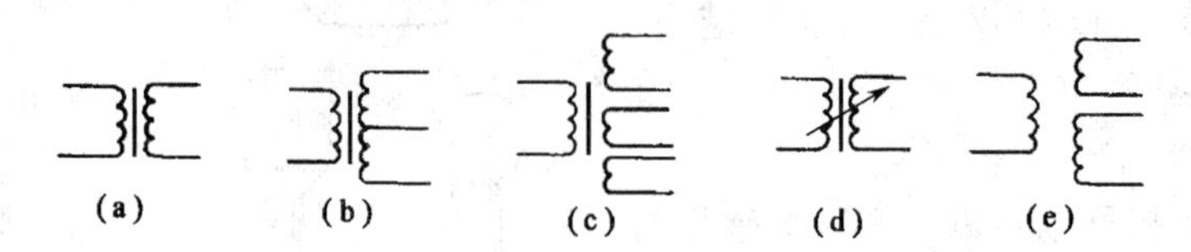

图5-10 常用变压器的图形符号

(a)变压器的一般符号;(b)带中心抽头的变压器;(c)多绕组变压器;
(d)调压变压器;(e)绕组间有屏蔽的变压器

(3)变压器的型号及命名方法

变压器的型号由三部分组成:第一部分用字母表示变压器的主称,部分字母的意义见表5-5;第二部分用数字表示变压器的功率,单位用伏安(V·A)或瓦(W),但RB型变压器除外;第三部分用数字表示变压器的序号。

表5-5 变压器型号中主称部分字母所表示的意义

字母	意义	字母	意义
DB	电源变压器	HB	灯丝变压器
CB	音频输出变压器	SB、ZB	音频(定阻式)输送变压器
RB	音频输入变压器		
GB	高压变压器	SB、EB	音频(定压式、自耦式)变压器

2.变压器的检测

(1)检测变压器绕组的直流电阻

用万用表“$R\times1$”挡测量各绕组,它们都应有一定的电阻值。如果表针静止不动,说明该绕组内部已发生断路;若阻值为“0”,说明该绕组内部短路。

(2)检测变压器的绝缘电阻

变压器各绕组之间以及绕组与铁芯之间的绝缘电阻可用500 V或1 000 V的绝缘电阻表测量。根据变压器种类的不同,应选择不同规格的绝缘电阻表。一般情况下,对于电源变压器和扼流圈,应选用1 000 V绝缘电阻表测量,绝缘电阻应不小于1 000 MΩ;对于音频输入、输出变压器,用500 V绝缘电阻表测量,绝缘电阻应不小于100 MΩ。在没有绝缘电阻表的情况下,也可用万用表“$R\times10$ k”挡。测量时,表头指针应保持不动(相当于电阻值为无穷大)。

(3)测试变压器的空载电压

将变压器的一次绕组接入电源,用万用表测量变压器的输出电压。一般要求高压绕组的电压误差为±5%。对于有中心抽头的变压器,电压不对称度应小于2%。

(4)鉴别音频输入、输出变压器

因为音频输入、输出变压器的外形完全一样,体积相同,且均有5根引出线,如果标志不清晰,很难将它们区别开来,可用万用表鉴别。用万用表“$R\times1$”挡测量音频变压器上有两根引出线的绕组,若阻值在1 Ω左右,表示为该变压器为音频输出变压器;如阻值在几十到几百欧姆,表示该变压器为输入变压器。

第二节　晶体二极管

一、晶体二极管的识别

晶体二极管简称为二极管,由一个 PN 结加上外引线及管壳构成。它是单向导电。

1. 晶体二极管的类型

晶体二极管的种类很多、大小不同、形态各异。从外观上看,比较常见的如图 5-11 所示。按制造材料的不同,二极管分为锗管和硅管两大类,每一类又分为"N"型和"P"型。按接触形式分为点接触型二极管和面接触型二极管。按功能与用途可分为一般二极管和特殊二极管两大类:一般二极管包括检波二极管、整流二极管、开关二极管等;特殊二极管主要有稳压二极管、敏感二极管(磁敏二极管、热敏二极管、压敏二极管等)、变容二极管、发光二极管、光敏二极管和激光二极管等。没有特别说明时,晶体二极管是指一般二极管。

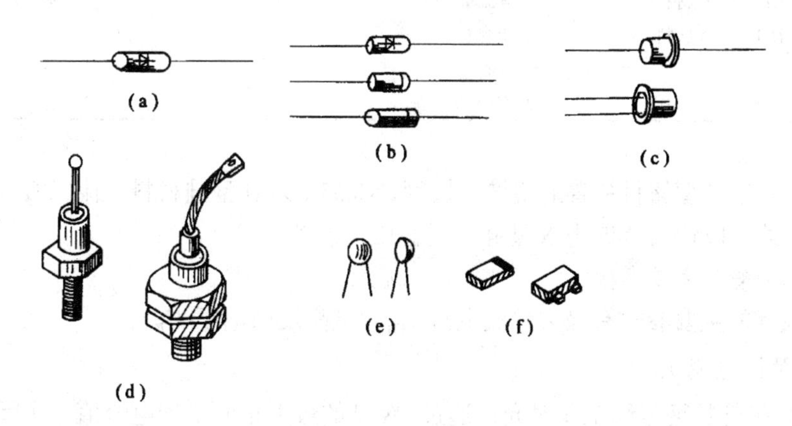

图 5-11　常见晶体二极管外形

(a)玻璃二极管;(b)塑材二极管;(c)金属壳二极管;(d)大功率螺栓形金属壳二极管;(e)微型二极管;(f)片状二极管

2. 晶体二极管的型号及命名方法

晶体二极管的文字符号为"V 或 VD",图形符号如图 5-12 所示。

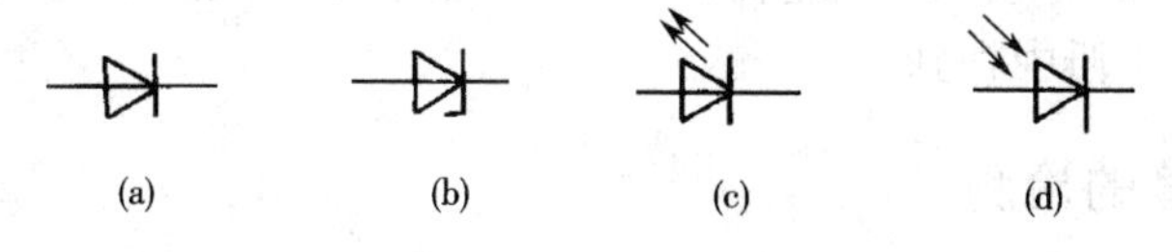

图 5-12　晶体二极管的图形符号

(a)一般二极管;(b)稳压二极管;(c)发光二极管;(d)光敏二极管

国产晶体二极管的型号由五部分组成,如图 5-13 所示。第一部分用数字"2"表示二极管的主称(极数),第二部分用字母表示二极管的材料和极性,第三部分用字母表示二极管的类型,第四部分用数字表示二极管的序号,第五部分用字母表示二极管的规格。晶体二极管型号中各组成部分的含义见表 5-6。

图 5-13 晶体二极管型号的命名方法

表 5-6 晶体二极管的含义

第一部分	第二部分	第三部分	第四部分	第五部分
2	A:N 型,锗材料 B:P 型,锗材料 C:N 型,硅材料 D:P 型,硅材料	P:小信号管 Z:整流管 K:开关管 W:电压调整管和电压基准管 L:整流堆 C:变容管 S:隧道管 V:混频检波管	序号	规格

例如:2AP9 为 N 型锗材料普通检波二极管,2CZ55A 为 N 型硅材料整流二极管,2CK71B 为 N 型硅材料开关二极管,2CW5 为 N 型硅材料稳压二极管。

3.晶体二极管的主要参数

晶体二极管的主要参数有最大整流电流 I_{FM}和最高反向电压 U_{RM}。

(1)最大整流电流 I_{FM}

I_{FM}是指二极管长期连续工作时允许通过 PN 结的最大正向平均电流值。实际使用二极管时,正向平均电流不允许超过 I_{FM},否则将会烧坏二极管。

(2)最高反向电压 U_{RM}

U_{RM}是指反向加在二极管两端而不致引起 PN 结击穿的最大电压。使用中应选用 U_{RM}大于实际工作电压 2 倍以上的二极管。如果实际工作电压的峰值超过 U_{RM},二极管将被击穿。

此外,晶体二极管还有最大反向电流、最高工作频率、结电容、最高工作温度等参数,它们都可以在半导体器件手册中查到。

二、晶体二极管的检测

1.普通二极管的简单检测

二极管可用万用表进行简单检测。

(1)判别极性

普通二极管外壳上印有型号和一些特殊标记。标记有箭头、色点、色环三种。通常情况下,箭头所指的方向或靠近色环的一端为负极,而有色点的一端为正极。若二极管的型号和标记已脱落,可用万用表的欧姆挡判别。具体方法是:将万用表的量程转换开关置于“$R\times100$”

挡或“$R\times1$k”挡(测量面接触型大电流整流二极管时,应置于“$R\times1$”或“$R\times100$”挡),将两支表笔分别连接到二极管的两个电极上,若测量出的电阻值较小(硅管为几百至几千欧,锗管为100~1 000 Ω),则说明此二极管处于正向导通状态,此时黑表笔为正极,红表笔为负极;反之,为反向截止状态,此时红表笔接正极,黑表笔接负极。

(2)检查质量的好坏

将万用表的量程转换开关置于“$R\times10$k”挡,黑表笔接稳压二极管的负(-)极,红表笔接正(+)极。若此时电阻很小,表笔对调后测量,电阻无穷大说明该二极管正常。

2.稳压二极管的检测

(1)极性的判别

与上述普通二极管的判别方法相同。

(2)检查质量的好坏

将万用表的量程转换开关置于“$R\times10$k”挡,黑表笔接稳压二极管的负(-)极,红表笔接正(+)极,若此时二极管的反向电阻很小,说明该稳压二极管正常。因为万用表“$R\times10$k”挡的内部电压都在9 V以上,可达到被测稳压二极管的击穿电压,所以此时稳压二极管的阻值大大减小。

3.发光二极管的检测

发光二极管可使用万用表“$R\times10$k”挡进行测试。一般情况下,发光二极管正向电阻应小于30 kΩ,反向电阻应大于1 MΩ。若正、反向电阻均为零,说明内部已击穿;反之,若正、反向电阻均为无穷大,则说明内部已为开路。

第三节 晶体三极管

一、晶体管三极的识别

晶体三极管是一种具有两个PN结的半导体器件,是电子电路中的核心器件之一,应用十分广泛。

1. 晶体三极管的类型

晶体三极管的种类繁多。按所用半导体材料的不同可分为锗管、硅管和化合物管;按结构不同可分为NPN型管和PNP型管;按截止频率可分为超高频管、高频管(≥3 MHz)和低频管(<3 MHz);按耗散功率可分为小功率管(<1 W)和大功率管(≥1 W);按用途可分为低频放大管、高频放大管、开关管、低噪声管、高反压管、复合管等。各类晶体三极管如图5-14所示。

2.晶体管的型号及命名方法

晶体管的文字符号为“V”,图形符号如图5-15所示。晶体管的三个极是基极、发射极和集电极,分别用b、e和c表示。NPN型和PNP型晶体管图形符号的区别在于发射极箭头的方向不同。箭头的方向表示发射结加正向电压时的电流方向。

国产晶体三极管的型号由五部分组成,如图5-16所示。第一部分用数字“3”表示晶体三极管的主称(极数),第二部分用字母表示晶体三极管的材料和极性,第三部分用字母表示类型,第四部分用数字表示晶体三极管的序号,第五部分用字母表示规格。

晶体三极管型号中各组成部分的含义见表5-7。

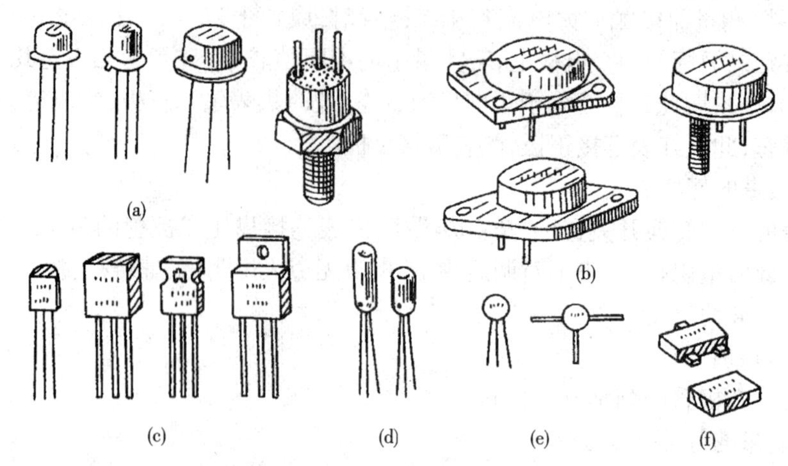

图 5-14 常用晶体三极管的外形

(a)金属壳晶体管;(b)大功率晶体管;(c)塑封晶体管;
(d)玻璃壳晶体管;(e)微型晶体管;(f)片状晶体管

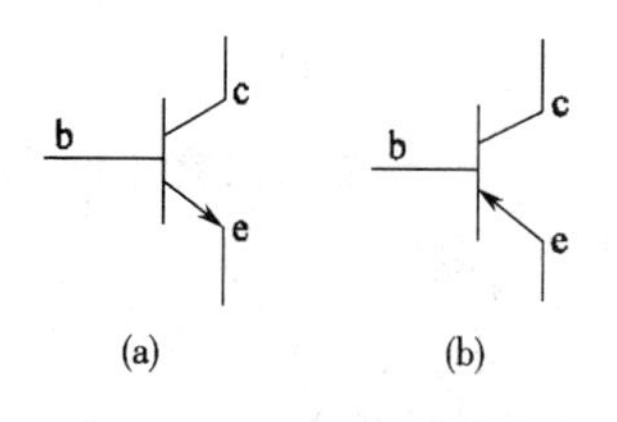

图 5-15 常用晶体管的图形符号

(a)NPN 型;(b)PNP 型

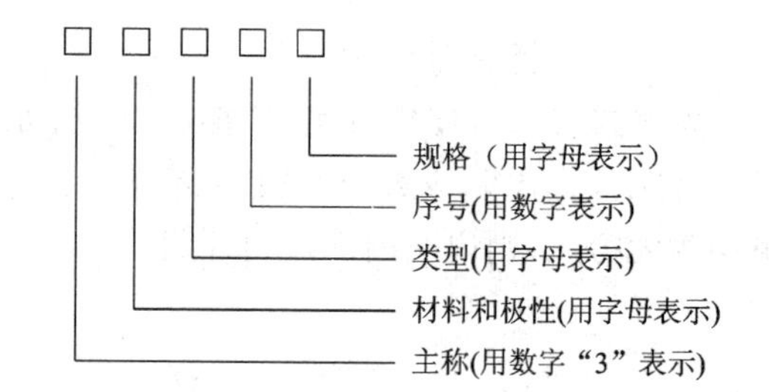

图 5-16 晶体管型号的命名方法

表 5-7 晶体三极管型号的含义

第一部分	第二部分	第三部分	第四部分	第五部分
3	A:PNP 型,锗材料 B:NPN 型,锗材料 C:PNP 型,硅材料 D:NPN 型,硅材料	X:低频小功率晶体管 G:高频小功率晶体管 D:低频大功率晶体管 A:高频大功率晶体管 K:开关管 J:阶跃恢复管 T:闸流管 B:雪崩管 C:变容管 Z:整流管 L:整流堆 S:隧道管	序号	规格

例如:3AX31 为 PNP 型锗材料低频小功率晶体三极管,3DG6B 为 NPN 型硅材料高频小功率晶体三极管。

3.晶体三极管的主要参数

晶体三极管的参数很多,主要有以下三个。

(1)发射极交流电流放大系数 β

$$\beta = \Delta I_c / \Delta I_b$$

β 是表征晶体管放大能力的重要指标。β 值太小,晶体管放大能力差,但 β 太大又容易使工作状态不稳定,通常取 β 值为 30 ~ 200 的管子为宜。直流放大系数 $\bar{\beta} = I_c / I_b$。尽管 $\bar{\beta}$ 与 β 不同,但在小信号作用下,$\bar{\beta} \approx \beta$。工程上常因两者相同而混用。

有些晶体管的壳顶上标有色点,作为 β 值的色标,见表 5-8。

表 5-8　晶体管 β 值的色标

范围	10 ~ 30	30 ~ 60	60 ~ 100	100 ~ 150	150 ~ 200	200
颜色	红	黄	绿	蓝	白	

(2)极限参数

极限参数有集电极最大允许电流 I_{cm},集电极至发射极击穿电压 U_{ceo} 和集电极最大允许耗散功率 P_{cm}。使用时不允许超过极限值。

(3)反向电流

反向电流有集电极至基极反向电流 I_{cbo} 和集电极至发射极反向电流(又称穿透电流)I_{ceo}。反向电流影响管子的热稳定性,其值越小越好。一般小功率硅管的 I_{cbo} 在 1 μA 以下,而小功率锗管则较大,一般在几十微安以下。

二、晶体三极管的检测

晶体三极管可从外形和结构上判别或用万用表检测进行判别。

1.从外形和结构判断

使用晶体三极管时,首先要判别管脚极性。目前,晶体三极管的种类较多,封装形式不一,管脚也有多种排列方式。多数金属封装的小功率管的管脚是等腰三角形排列:顶点是基极,左边是发射极,右边是集电极。有的高频晶体三极管有 4 根引出电极。为了屏蔽高频电磁场的干扰,其中 D 为接地极。大功率晶体三极管一般直接用金属外壳作集电极。

2.用万用表检测

用万用表不仅能判断晶体三极管的管脚是哪一极,还可以估计出穿透电流 I_{ceo}、电流放大系数 β 和晶体管的类型。

(1)估计穿透电流 I_{ceo}

用万用表“$R \times 100$”挡测量 NPN 型管时,红笔接发射极(e 极),黑笔接集电极(c 极),阻值在几十至几百千欧以上较为正常。若阻值较小,则表明 I_{ceo} 大,稳定性差;若阻值接近零值,表明晶体管已击穿;若阻值无穷大,则表明晶体管内部断路。若测 PNP 型管,红黑表笔对调即可。

(2)估测电流放大系数 β

用万用表“$R \times 1k$”或“$R \times 100$”挡测 PNP 型管时,红表笔接集电极(c 极),黑表笔接发射极

(e 极),读出阻值。然后用潮湿的手指捏住集电极和基极(注意不能让其相碰),再测上述两极,对比测得的电阻值。两次读数相差越大,表明晶体管的 β 值越高。测 NPN 时,红黑两笔对调即可。

(3)晶体三极管管脚和管型的判断

判断 PNP 型及 NPN 型晶体三极管时,应使用万用表的"$R\times1$k"(或"R×100")挡,将黑表笔连接到晶体管的某一端,红表笔依次接到另外两端上。如果表针指示的两个阻值都很大,那么黑表笔所接的那一端是 PNP 型管的基极(b 极);如果表针指示的两个阻值都很小,那么黑表笔所接的那一端是 NPN 型管的基极;如果表针指示的两个阻值中一个很大一个很小,那么黑表笔所接的那一端不是基极,此时就需要另换一端测试。使用上述方法,不但可以判断基极,而且可以判断是 PNP 型还是 NPN 型晶体管。

判断出基极后就可以进一步判断晶体管的集电极(c 极)和发射极(e 极)。首先假定一端是集电极,另一端是发射极,估测 β 值。然后,将假定的两端对调一下,再估测 β 值。其中 β 值较大的那次假定是对的,这样就把集电极与发射极也判断出来了。

第四节 锡钎焊与印刷电路板的制作工艺

一、锡钎焊常用工具

1.电烙铁

电烙铁是锡钎焊的基本工具。其作用是把电能转换成热能,用于加热工件,熔化焊锡,使元器件和导线牢固地连接在一起。电烙铁有外热式和内热式两种。

常用内热式电烙铁的烙铁芯安装在烙铁头内部,如图 5-17(a)所示。它的优点是发热快,热量利用率高;缺点是温度过高,容易损坏印刷电路板的元器件。

外热式电烙铁由烙铁头、烙铁芯、外壳、把柄组成,如图 5-17(b)所示。外热式电烙铁有 300 W、200 W、150 W、75 W、45 W、30 W 、25 W、20 W 等规格。焊接印刷电路板时一般使用 20 ~ 30 W 的电烙铁。

电烙铁的烙铁头一般采用紫铜制成,表面镀锌合金层,在温度较高和使用时间较长的情况下容易氧化。因此,烙铁头应先用细锉刀锉去表面氧化物,然后蘸些松香,涂上一层很薄的锡(搪锡)后使用。

2.其他工具

为了便于焊接,还常用到尖嘴钳、斜口钳、镊子和小刀等工具。

(1)尖嘴钳

尖嘴钳的主要作用是在连接点上缠绕导线、元器件引线及使元器件引脚成形。使用时应注意以下几点:

①不允许用尖嘴钳装卸螺母、夹持较粗的硬金属导线及其他硬物;

②塑料手柄破损后严禁带电操作;

③尖嘴钳头部是经过淬火处理的,不要在锡锅或高温条件下使用。

(2)斜口钳

斜口钳又叫剪线钳、偏口钳,主要用于剪切导线和剪掉元器件上多余的引线,不要用斜口

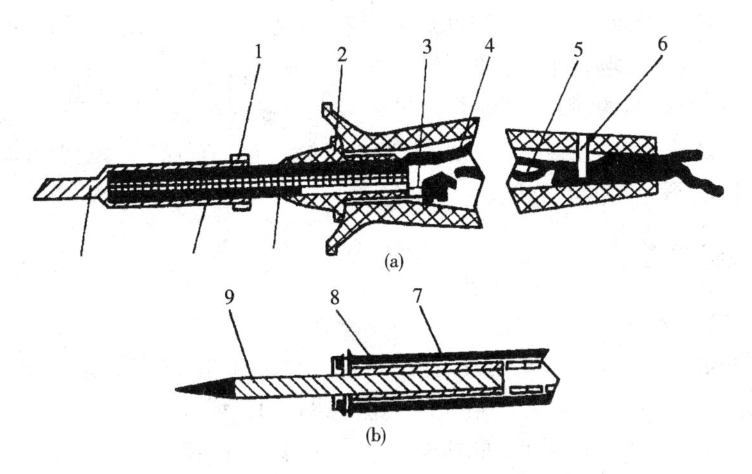

图 5-17　外热式与内热式电烙铁结构示意图

(a)内热式;(b)外热式

1—卡箍　2—手柄　3—接线柱　4—接地线　5—电源线　6—紧固螺钉

7—外壳　8—加热体　9—烙铁头

钳剪切螺钉和较粗的钢丝,以免损坏钳口。

(3)镊子

镊子的主要用途是摄取微小器件。在焊接时用于夹持被焊件,以防止位置发生移动,并有利于散热。有的元器件引脚上套装的塑料套管在焊接时会遇热收缩,此时可用镊子将套管向外推动,使之恢复到原来的位置;镊子还可以用来在装配件上缠绕较细的线材以及夹持蘸有酒精的小团棉纱或泡沫,用来清洗焊接点上的污物。

(4)小刀

小刀主要用于刮去导线和元器件引线上的绝缘物和氧化物,使之易于上锡。

二、钎料和焊剂

1.钎料

钎料是一种易熔金属,能使元器件引线与印刷电路板紧密地连接在一起。钎料对焊接质量有很大的影响。锡(Sn)是一种质地柔软、延展性好的银白色金属,熔点为 232 ℃,在常温下化学性能稳定,不易氧化,不失金属光泽,抗大气腐蚀能力强。铅(Pb)是一种较软的浅青白色金属,熔点为 327 ℃,高纯度的铅耐大气腐蚀能力强,化学稳定性好,但对人体有一定危害。锡中加入一定比例的铅和少量其他金属可制成熔点低、抗腐蚀性好、对元器件和导线的附着力强、力学性能好、导电性好、不易氧化、焊接点光亮美观的钎料。这种钎料一般称焊锡。

常用的焊锡有块状、棒状、带状、丝状和粉末状,分别用符号"I"、"B"、"R"、"W"和"P"表示。块状及棒状焊锡用于自动焊接,丝状焊锡主要用于手工焊接。焊锡丝的直径有 0.5、0.8、0.9、1.0、1.2、1.5、2.0、2.3、2.5、3.0、4.0、5.0 mm 等。

2.焊剂

手工焊接时,为使操作过程简化而将焊锡制成管状,管内夹带固体焊剂。焊剂一般用特级松香并加入一定量的活化剂制成。根据作用不同,焊剂分为助焊剂和阻焊剂两大类。

在铅锡焊接中,助焊剂是一种不可缺少的材料,它有助于清洁被焊面,防止氧化,提高钎料的流动性能,使熔核易于成形。常用的助焊剂有松香、松香酒精溶液(松香 40%,酒精 60%)。在对焊接质量要求较高的场合下,可使用新型助焊剂氧化松香。

阻焊剂是一种耐高温的涂料,可使焊接过程只在所需要焊接的部位进行,而将不需要焊接的部分保护起来,防止焊接过程中出现桥连,减少返修次数,节约钎料,使焊接印刷电路板时受到的热冲击小,板面不易起泡和分层。

三、手工锡钎焊技术

1.焊接的正确姿势

掌握正确的操作姿势有利于操作者的健康和安全。正确的操作姿势是:挺胸端坐,鼻子至烙铁头至少应保持 30 cm 的距离。电烙铁的握法如图 5-18 所示。握笔法由于操作灵活方便,被广泛采用。焊锡丝的握法有两种,如图 5-19 所示。正握法(图 5-19(a))适用于连续焊接,握笔法(图 5-19(b))适用于间断焊接。

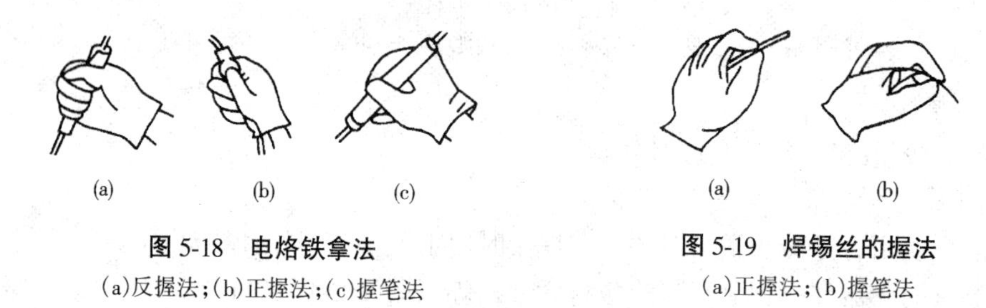

图 5-18 电烙铁拿法
(a)反握法;(b)正握法;(c)握笔法

图 5-19 焊锡丝的握法
(a)正握法;(b)握笔法

2.焊接的基本操作步骤

(1)焊接操作步骤

根据实践的积累,常把手工锡焊过程归纳成“一刮、二镀、三测、四焊”八个字。

1)“刮” 刮就是处理焊接对象的表面。焊接前,应先进行被焊件表面的清洁工作,有氧化层的要刮去,有油污的要擦去。

2)“镀” 镀是指对被焊部位搪锡。

3)“测” 测是指对搪过锡的元件进行检查,检查在电烙铁高温下是否变质。

4)“焊” 焊是指最后把测试合格的、已完成上述三个步骤的元器件焊到电路中。焊接完毕要进行清洁和涂保护层,并根据对焊接件的不同要求进行焊接质量检查。

(2)手工锡钎焊五步法

手工锡钎焊作为一种操作技术必须通过实际训练才能掌握。对于初学者进行五步施焊法训练非常有效。图 5-20 为手工锡钎焊条焊的基本方法。

1)准备 准备好被焊工件,电烙铁加热到工作温度,烙铁头保持干净并吃好锡,右手握好电烙铁,左手抓好焊料(通常是焊锡丝)。电烙铁与焊料分立于被焊工件两侧。

2)加热 烙铁头接触被焊工件,包括工件端子和焊盘在内的整个焊件要均匀受热,时间约为 2 s。一般让烙铁头扁平部分(较大部分)接触热容量较大的焊件,烙铁头侧面或边缘部分接触热容量较小的焊件,以保持焊件均匀受热。

3)加焊丝 当工件被焊部位升温到焊接温度时,焊锡丝从电烙铁对面接触焊件。送锡要适量,一般以有均匀薄薄的一层焊锡并能全面润湿整个焊点为佳。

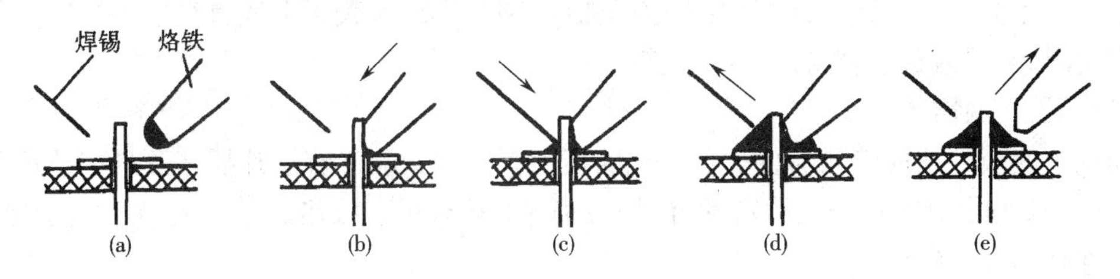

图 5-20　手工锡钎焊五步法

(a)准备;(b)加热;(c)加焊丝;(d)移去焊料;(e)移开电烙铁

4)移去焊料　当焊锡丝熔化一定量后立即向左上方 45°移去焊锡丝。

5)移开电烙铁　移去焊料后,在助焊剂(市售焊锡丝内一般含有助焊剂)还未挥发完之前,迅速向右上方 45°移去电烙铁,这样可使焊点光滑美观。对于热容量较小的焊点,可将 2)和 3)步骤合为一步,4)和 5)步骤合为一步,概括为三步法操作。

四、印刷电路板的焊接

(1)焊装前的检查

焊装前应对印刷电路板和元器件进行检查,主要检查印刷电路板的印制线和焊盘、焊孔是否与图样相符,有无断线、缺孔等,表面是否清洁,有无氧化、锈蚀等。元器件品种、规格及外封装是否与图样吻合,元器件引线有无氧化、锈蚀等。如果拿到的元器件端子表面有杂质和氧化物等,需用小刀等锋利工具除去。

印刷电路板铜箔面和元器件的引线都要经过预焊,以有利于焊料的润湿,提高焊接的可靠性。在预焊前应将元器件引脚的氧化膜进行清理。

(2)元器件引线的成形

在插装元器件前需根据印刷电路板上的插孔位置和本身的封装外形,将管脚弯曲成形。图 5-21 是印刷电路板上的部分元器件引线成形插装实例。

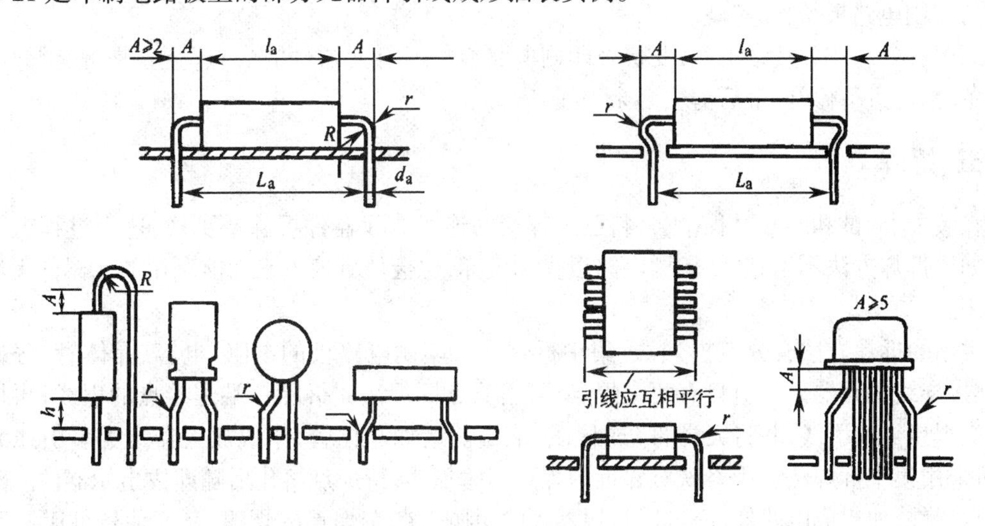

图 5-21　元器件引线成形实例

应注意:所有元器件引线不得从根部打弯,一般应留出 1 mm 以上的距离;成形过程中任何弯曲处都不允许出现直角,即要有一定的弧度,圆弧半径应大于引线直径的 1.2 倍。元器件上有字符时,要尽量置于容易观察到字符的位置。

(3)元器件的插装

印刷电路板焊前应将元器件插装在电路板上。一般元器件有贴片插装和悬空插装两种方法,如图 5-22 所示。贴片安装稳定性好,插装简单,但不利于散热。悬空安装有利于散热,但要注意保持高度一致。

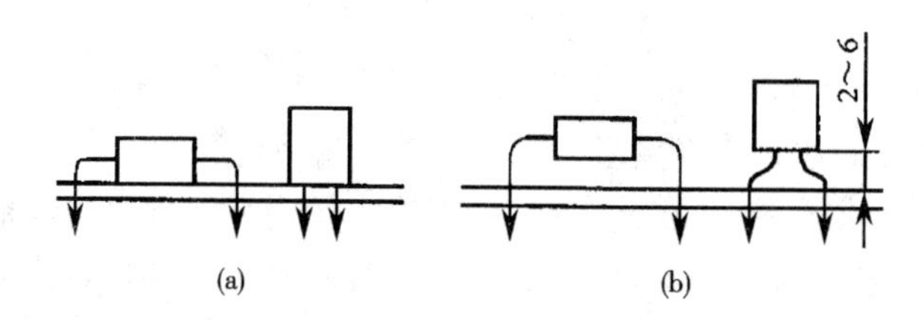

图 5-22 一般被焊件的插装方式

(a)贴片安装;(b)悬空安装

(4)焊接印刷电路板时的注意事项

焊接印刷电路板时,除了遵循锡钎焊的工艺要求、手工锡钎焊要领和相应的操作技巧外,还应注意以下几点。

1)电烙铁的选择 焊接印刷电路板时,一般要选内热式 20 ~ 40 W 或调温式温度不超过 300 ℃的电烙铁为宜。加热时应尽量使烙铁头同时接触印刷电路板上铜箔和元器件引线。要避免电烙铁在铜箔一个地方停留加热时间过长,导致局部过热,使铜箔脱落或形成局部烧伤;焊接加热时间一般以 2 ~ 3 s 为宜。焊接点上的焊料与焊剂要适量,焊料以包着引线灌满焊盘为宜。

2)焊接工序 一般进行印刷电路板焊接时,应先焊较低的元器件,后焊较高的元器件和要求比较高的元器件。印刷电路板上的元器件都要排列整齐,同类元器件要保持高度一致,保证焊好的印刷电路板整齐、美观。

3)焊后处理 焊接结束后,要检查印刷电路板上所有元器件的焊点,查看是否有漏焊、虚焊现象,然后进行修补,最后剪去多余引线。

五、拆焊

在装配、调试和维修过程中,常将已经焊接的连线或元器件拆除或更换,这个过程就是拆焊。如果拆焊方法不当,会使印刷电路板受到破坏,也会使更换下来而能利用的元器件无法重新使用。

常用的拆焊方法有分点拆焊法、集中拆焊法。印刷电路板的电阻、电容、晶体管、普通电感、连接导线等元器件一般只有两个焊点,可用分点拆焊法先拆除一端焊接点的引线,再拆除另一端焊接点的引线,并将元器件(或导线)取出。诸如晶体管、集成放大器这类多引线元器件,可采用集中拆焊法。用烙铁对邻近的焊点同时加热,待焊点熔化后随即拔出元器件。对于多焊点器件,如集成电路器件,可用吸锡器吸除引脚上各个焊点的焊锡,从而使器件引脚脱离印刷电路板。

第五节　电子工艺——SMT

电子系统的微型化和集成化是当代技术革命的重要标志,也是未来发展的重要方向。日新月异的各种高性能、高可靠性、高集成化、微型化、轻型化的电子产品正在改变今天的世界,推进人类文明的进程。

安装技术是实现电子系统微型化和集成化的关键。20世纪70年代问世、80年代成熟的表面安装技术(Surface Mounting Technology,SMT),从元器件到安装方式,从印刷电路板(简称PCB)设计到连接方法都以全新面貌出现。它使电子产品体积缩小,重量变轻,功能增强,可靠性提高,推动了信息产业的高速发展。SMT已经在很多领域取代了传统的通孔安装工艺(Through Hole Technology,THT),并且这种趋势还在发展,预计未来90%以上的产品将采用SMT。

通过SMT实习,了解SMT的特点,熟悉其基本工艺过程。

一、SMT简介

1.THT与SMT

表5-9是THT与SMT的区别。

表5-9　THT与SMT的区别

	技术缩写	年代	代表元器件	安装基板	安装方法	焊接技术
通孔安装	THT	20世纪六七十年代	晶体管,轴向引线元件	单面、双面PCB	手工/半自动插装	手工焊,浸焊
		20世纪七八十年代	单列、双列直插IC	单面及多层PCB	自动插装	波峰焊,浸焊,手工焊
表面安装	SMT	从20世纪80年代开始	片式封装	高质量SMB	自动贴片机	波峰焊,再流焊

2.SMT主要特点

(1)高密集性

SMT的体积只有传统元器件的1/3~1/10,可以装在PCB的两面,有效利用了印刷电路板的面积,减轻了重量。一般采用SMT技术后,可使电子产品的体积缩小40%~60%,重量减轻60%~80%。

(2)高可靠性

SMT无引线或引线很短,重量轻,因而抗振能力强,焊点失效率可比THT至少降低一个数量级,大大提高了产品的可靠性。

(3)高性能

SMT密集安装,减少了电磁干扰和射频干扰,尤其在高频电路中减小了分布参数的影响,提高了信号传输速度,改善了高频特性,使整个产品性能提高。

(4)高效率

SMT更适合自动化大规模生产。采用计算机集成制造系统(CIMS)可使整个生产过程高度自动化,将生产效率提高到新的水平。

(5)低成本

下述原因使成本降低:①SMT使PCB面积减小;②无引线和短引线;③安装中省去引线成形、打弯、剪线的工序;④频率特性提高,减少调试费用;⑤焊点可靠性提高,降低维修成本。一般情况下采用SMT后可使产品总成本下降30%以上。

3.SMT工艺设备简介

SMT有以下两种基本焊接方式。

(1)波峰焊

图5-23所示为波峰焊。此种方式适合大批量生产,对贴片精度要求高,生产过程自动化程度要求也很高。

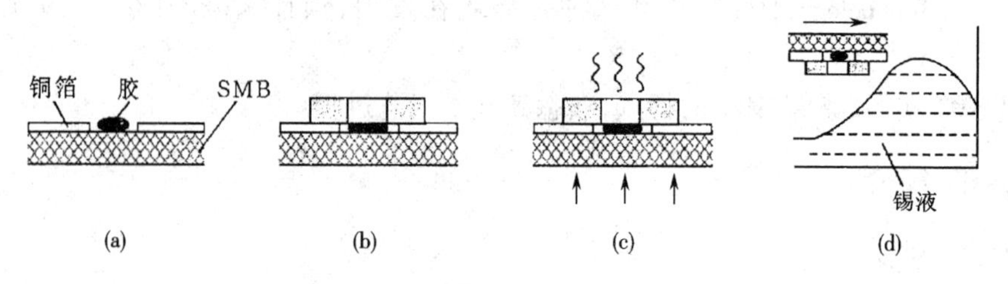

图5-23 波峰焊(SMT焊接工艺1)

(a)点胶;(b)贴片;(c)固化;(d)焊接

(2)再流焊

图5-24所示为再流焊。这种方法较为灵活,视配置设备的自动化程度,既可用于中小型批量生产,又可用于大批量生产。

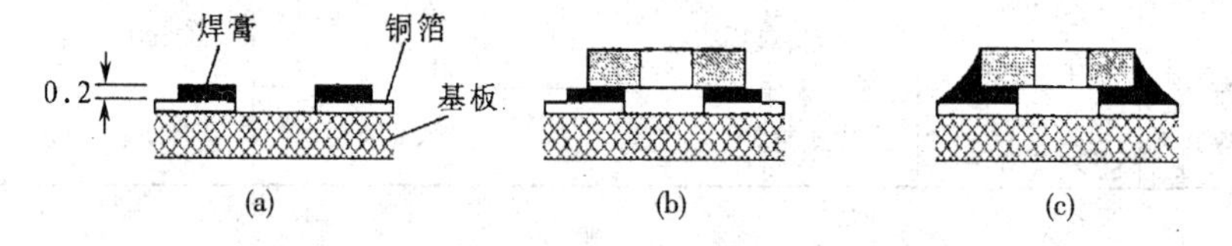

图5-24 再流焊(SMT焊接工艺2)

(a)印锡膏;(b)贴片;(c)焊接

混合安装方法是根据产品实际将上述两种方法交替使用。

二、SMT元器件及设备

1.表面贴装元器件

由于安装方式不同,SMT元器件与THT元器件主要区别在外形封装。另外由于SMT注重减小体积,故SMT元器件以小功率元器件为主。又因为大部分SMT元器件外形为片式,故通常又称片状元器件或表面贴装元器件,简称SMD。

(1)片状阻容元件

表面贴装元器件包括表贴电阻、电位器、电容、电感、开关、连接器等。使用最广泛的是片状电阻和电容。

目前片状电阻和电容的类型、尺寸、温度特性、电阻及电容值、允许误差等没有统一标准,各生产厂商表示的方法也不同。我国市场上片状电阻、电容以公制代码表示外形尺寸。

1° 片状电阻

表 5-10 是常用片状电阻尺寸的主要参数。

表 5-10　常用片状电阻的主要参数

代码	1608/ * 0603	2012/ * 0805	3216/ * 1206	3225/ * 1210	5025/ * 2010	6332/ * 2512
长 × 宽	1.6 × 0.8	2.0 × 1.25	3.2 × 1.6	3.2 × 2.5	5.0 × 2.5	6.3 × 3.2
功率(W)	1/16	1/10	1/8	1/4	1/2	1
电压(V)		100	200	200	200	200

注:① * 为英制代号。

②片状电阻厚度为 0.4 ~ 0.6 mm。

③最新片状元件为 1005(0402),而 0603(0201)应用较少。

④电阻值采用数码法直接标在元件上,阻值小于 10 Ω 用 R 代替小数点,例如 8R2 表示 8.2 Ω,0R 为跨接片,电流容量不超过 2 A。

2° 片状电容

片状电容主要是陶瓷叠片独石结构,外形代码与片状电阻含义相同,主要有 1005/ * 0402、1608/ * 0603、2012/ * 0805、3216/ * 1206、3225/ * 1210、5664/ * 2225 等。片状电容元件厚度为 0.9 ~ 4.0 mm。片状陶瓷电容依所用陶瓷的不同分为三种,其代号及特性如下。

1)NPO　I 类陶瓷,性能稳定,损耗小,用于高频场合。

2)X7R　Ⅱ类陶瓷,性能较稳定,用于要求较高的中低频的场合。

3)Y5V　Ⅲ类低频陶瓷,电容大,稳定性差,用于容量、损耗要求不高的场合。

片状陶瓷电容的电容值也采用数码法表示,但不印在元件上,其他参数(如偏差、耐压值)表示方法与普通电容相同。

3° 表面贴装元器件

表面贴装元器件包括表面贴装分立器件(二极管、三极管、晶闸管等)和集成电路两大类。表面贴装分立器件除部分二极管采用无引线圆柱外形外,常见外形封装有 SOT 型和 TO 型。表 5-11 是几种常用外形封装,此外还有 SC-70(2.0 × 1.25)、SO-8(5.0 × 4.4)等封装。

SMD 集成电路常用双列扁平封装 SOP、四列扁平封装 QFP、球栅阵列封装 BGA。图 5-25 SOP 封装和图 5-26 QFP 封装属于有引线封装,BGA 属于无引线封装。

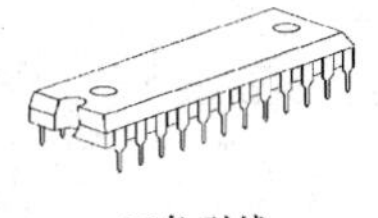

16条引线

图 5-25　SOP 封装

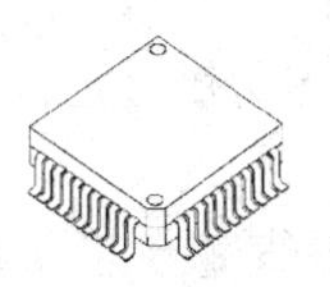

44条引线

图 5-26　QFP 封装

表 5-11 几种常用外形封装

封装	SOT-23	SOT-89	TO-252
外形	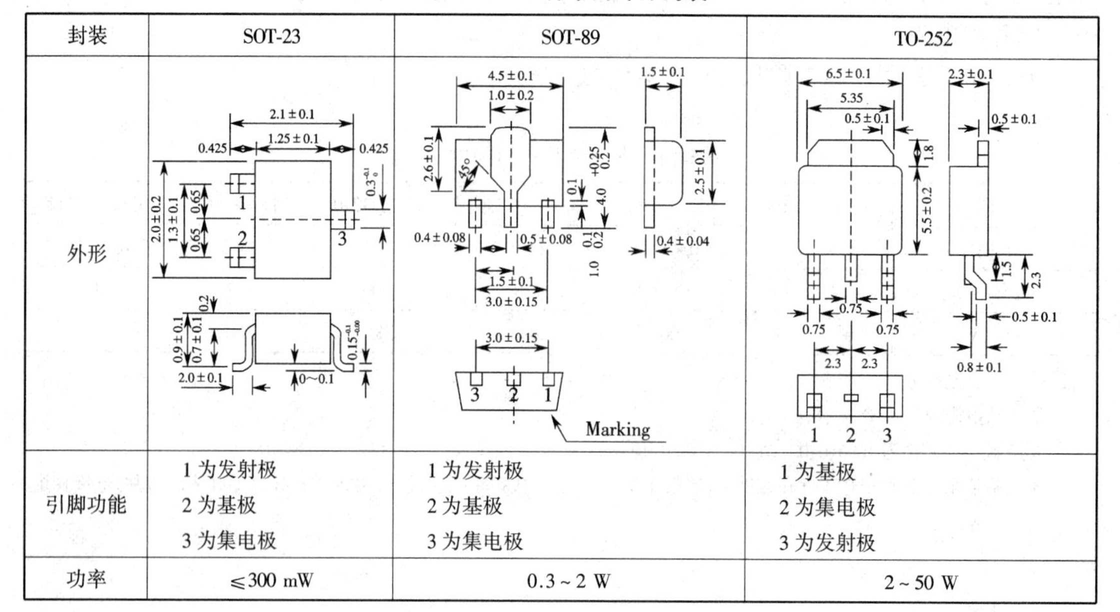		
引脚功能	1 为发射极 2 为基极 3 为集电极	1 为发射极 2 为基极 3 为集电极	1 为基极 2 为集电极 3 为发射极
功率	≤300 mW	0.3 ~ 2 W	2 ~ 50 W

2.印刷电路板(Surface Mounting Board,SMB)

(1)SMB 的特殊要求

对 SMB 的特殊要求如下：

①外观要求光滑平整,不能有翘曲或高低不平；

②热胀系数小,导热系数高,耐热性好；

③铜箔粘合牢固,抗弯强度大；

④基板介电常数小,绝缘电阻高。

(2)焊盘设计

片状元器件焊盘形状与焊点强度和可靠性关系重大,以阻容片状元件为例,如图 5-27 所示。

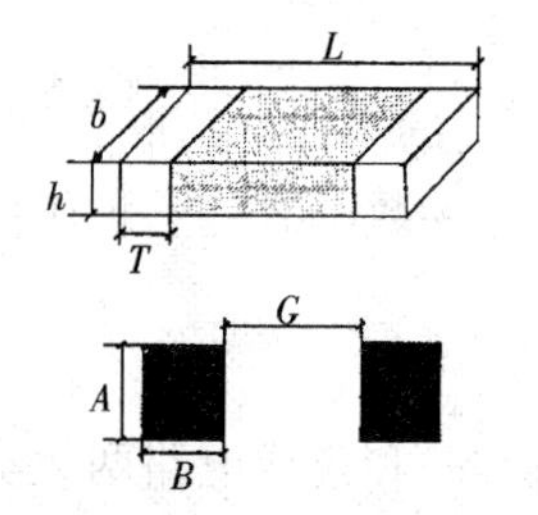

图 5-27 片状元件焊盘

3.小型 SMT 设备

(1)焊膏印制

焊膏印刷机如图 5-28 所示。操作方式为手动,最大印刷尺寸为 320×280 mm,技术关键是定位精确,模板制造精度高。

图 5-28 焊膏印刷机

(2)贴片

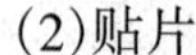

手工贴片的方法是镊子拾取或真空吸取。

(3)再流焊设备

台式自动再流焊机如图 5-29 所示。电源为 220 V、50 Hz,额定功率为 2.2 kW。有效焊区尺寸为 240×180 mm。加热方式为远红外和强制热风。工作模式按工艺曲线(图 5-30)灵活设置,工作过程自动。标准工艺周期约 4 分钟。

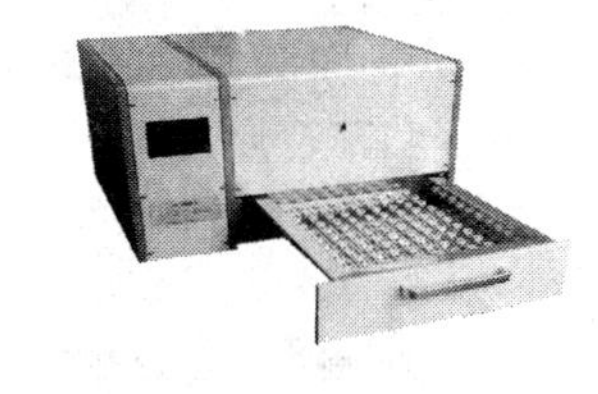

图 5-29　再流焊机

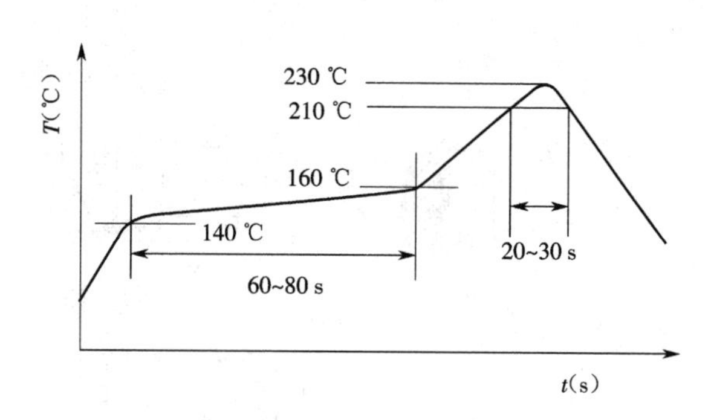

图 5-30　再流焊工艺曲线

4.SMT 焊接质量

SMT 焊接质量要求与 THT 基本相同,要求焊点焊料的连接面呈半弓形凹面,焊料与焊件交界处平滑,接触角尽可能小,无裂纹、针孔、夹渣现象,表面有光泽且光滑。

由于 SMT 元器件尺寸小,安装精度和密度高,焊接质量要求更高。图 5-31 和图 5-32 分别是两种典型的焊点。

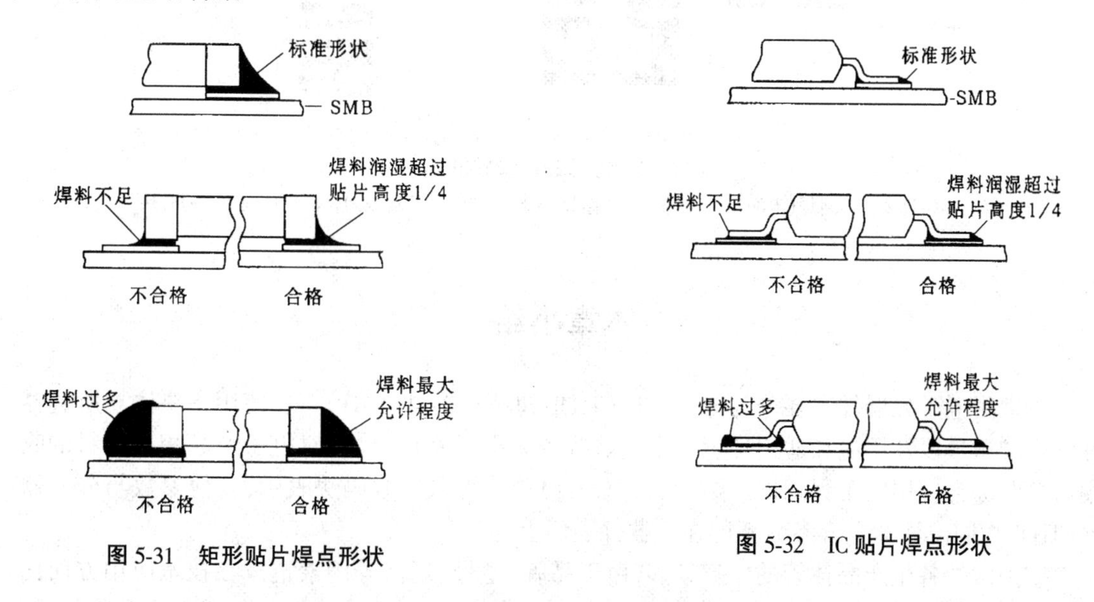

图 5-31　矩形贴片焊点形状

图 5-32　IC 贴片焊点形状

几种常见 SMT 焊接缺陷如图 5-33 所示。采用再流焊工艺时,焊盘设计和焊膏印制对控制焊接质量起了关键作用。例如,立片主要是由于两个焊盘上焊膏不均(一边焊膏太少甚至漏印)造成的。

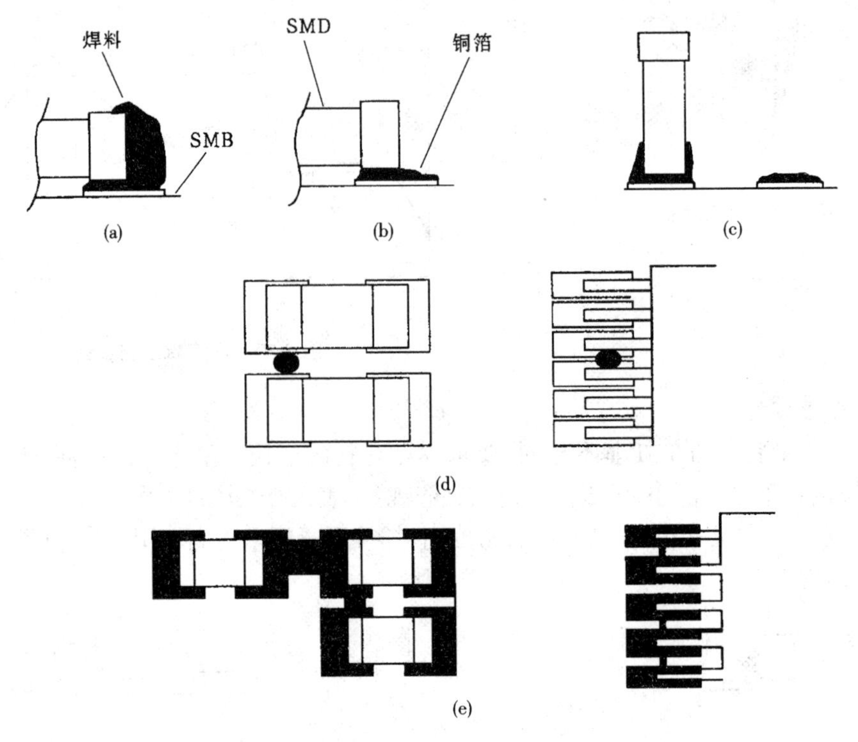

图 5-33 常见 SMT 焊接缺陷

(a)焊料过多;(b)漏焊(未润湿);(c)立片(又称“墓碑现象”“曼哈顿现象”);(d)焊球现象;(e)桥接

本章小结

①常用电子元器件主要分为分立器件(THT)和贴片器件(SMT)。在使用中要注意所选器件的标准型号以及用途和适用环境。学会熟练查阅电子手册,培养对电子产品相关资料的收集、整理、综合应用的工程意识。贴片器件(SMT)参数均采用数码法表示,其他参数与分立器件(THT)相同。注意电容参数不印在元器件表面上。

②国内外各生产晶体管的厂家较多,由于品牌、型号、规格等因素造成在技术应用方面比较繁杂。因此,电子工程技术人员除了熟悉产品性能外,还应准确掌握外形标准及安装尺寸,以便灵活应用。

③印刷电路板与电子元器件焊接训练是从事电子工业设计开发、应用维护所必需的。学会并掌握焊接技术是提高电子综合应用技术不可缺少的实践环节。

④了解现代电子产品生产过程及加工工艺是电子工程技术人员必修的训练内容之一。SMT 技术是在生产现代电子产品领域发展较快的应用技术,对电子产品微型化、低能耗、高功率的普及应用有着极其重要的推进作用。掌握 SMT 技术,培养综合应用能力,对新产品开发和应用工程意识的提高均具有重要意义。

第六章　实习与训练指导

实习一　直流电路的认识

一、实习目的

①熟悉实习室概况。
②练习使用直流电流表和直流电压表。
③练习使用万用表的直流电流挡、直流电压挡及欧姆挡。
④学习使用滑线变阻器。
⑤测定线性电阻、非线性电阻及直流电压源的伏安特性。

二、实习原理

1.实习室电源

电工实习室提供的交流电源一般为 50 Hz、380/220 V 三相交流电，有 A、B、C、N 四个接线端。A、B、C 为相线接线端，N 为零线接线端。应根据负载的额定电压选择工作电压。

当单相负载额定电压为 220 V 时，应接一根相线和一根零线；在少数情况下，当额定电压为 380 V 时，应接任意两根相线；当设备电源为三相 380 V 时，应接入三相电源。A、B、C 三相电源由一只三相断路带漏电保护的开关控制，并有电源指示灯。接线时应先切断电源，只有在所有接线全部接好并经指导教师认可后方可合上电源。此外，另有电源插座直接提供 220 V 电压。

2.直流稳压电源

晶体管直流稳压电源采用 220 V 交流电作电源，经晶体管整流并稳压后输出直流稳定电压，可近似认为是理想电压源。

从标有“+”和“-”的两个接线端之间输出电流。它们均对地悬空，故可通过将“-”或“+”端接地，以获得正电位或负电位，千万不能接反。

当过载或短路时，机内的保护电路动作，使输出电压下降为零。此时应切断电源，排除故障或减小负载，然后按下“恢复”按钮，继续供电。还有一些稳压电源采取限流措施保护电源自身以及不使负载电流超过设置值。使用时可调节面板上的限流电位器至一适当位置(以稍大于实验所需电流为宜)。当发生负载短路时，稳压电源输出的电流自动停止。当排除短路后，电源自动恢复正常状态。

智能直流稳压电源不但具有一般稳压电源的全部功能，而且具有双路跟踪、电压电流值设置储存、同时显示等功能，使用更加方便。

3.直流电压表、电流表

单向偏转的电流表和电压表都有一个测量参考方向的问题，测量参考方向都是自仪表的

“+”端钮至“-”端钮。当被测电流和电压的实际方向与仪表所规定的参考方向(由仪表的“+”端钮至“-”端钮)一致时,仪表指针正偏,被测量为正值。如果被测电流和电压的实际方向与仪表所规定的参考方向相反,指针反偏,被测量为负值。这时应更换仪表正负端钮的接线,以便读出被测量的大小(指绝对值)。

读数时,应使观察视线与标尺平面垂直。如果标尺平面带有镜子,还应在眼、针、影成一条线时读数。读数前要明白仪表的量程和刻度及倍率的关系。电流表、电压表的量程就是满刻度值。正确记录仪表指示值的做法是,仪表的欠准确数字位与仪表的绝对误差为一位有效数字时的数位相同。例如,用量程为 100 V、准确度为 0.5 级的电压表在规定的正常工作条件下测电压,它可能产生的最大绝对误差为 ±0.5 V。测量时若电压表指针指在 85 V 与 86 V 之间偏右的位置,可读为 85.7 V。这里 8 和 5 是准确的,称为准确数字,而末位 7 是估计出来的,称为欠准确数字。显然,由于仪表有 ±0.5 V 的误差,想读出更多的数位(如 85.72 V)是没有意义的。反之,电压表的指针指在 90 V 处,则应读作 90.0 V。如果记录为 90 V,以致使人误以为个位数是欠准数字,也是不对的。

三、仪器设备

①三相电源(380/220 V,50 Hz)
②直流稳压电源
③直流电压表 1 只
④直流电流表 1 只
⑤万用表 1 只
⑥电阻 2 只
⑦开关 1 只
⑧滑线变阻器 1 台。

四、实习步骤

1.练习使用操控台电源

①熟悉直流稳压电源面板上各开关和急停旋钮的位置,了解使用方法。
②合上电源开关,接通工作电源后,面板上的指示灯亮。
③用万用表直流电压挡(每个挡位)测量直流稳压电源的输出电压。
将输出电压的调整范围记入实习表 1-1。

实习表 1-1

直流稳压电源挡(V)				
输出电压(V)				

2.用万用表欧姆挡测电阻值

线性电阻元件的阻值不随电压或电流改变,伏安特性在 U-I 平面上是一条过原点的直线。如果电阻元件的阻值随电压或电流改变,则称此电阻为非线性电阻。它不遵循欧姆定律,在 U-I 平面上伏安特性是一条曲线。

①将万用表转换开关旋转至某一电阻测量挡，进行零欧姆调整，选择一电阻进行测试，并估计阻值范围。

②根据电阻的阻值范围，选择合适的挡位进行准确测量。

③分别测量两电阻的电阻值及其串并联后的等效电阻，将测量结果记入实习表 1-2 中(R_1 和 R_2 均为备选电阻)。

实习表 1-2

被测电阻	R_1	R_2	R_1 串联 R_2	R_1 并联 R_2
所选欧姆挡挡位				
测量数据(Ω)				

3.滑线电阻器

实习图 1-1 为滑线电阻器的结构示意图，电阻丝绕在瓷管 6 上，并由固定端钮 1 和 2 引出。滑块 4 可以在金属滑杆 5 上来回滑动，滑块上装有弹簧片始终保持和滑杆、电阻丝接触良好，滑块通过金属杆由滑杆端钮 3 引出。滑块在滑动过程中改变了触点的位置，所以也常称它为滑动触头。

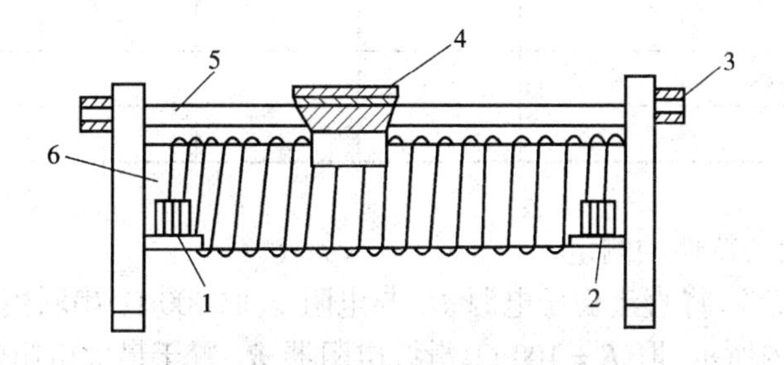

实习图 1-1　滑线电阻器结构示意图

1、2—固定端；3—滑杆端钮；4—滑块；5—金属滑杆；6—瓷管

在电工实习中，滑线电阻可接成固定电阻(实习图 1-2(a))、可变电阻(实习图 1-2(b)、(c))以及分压器(实习图 1-2(d))三种应用电路。

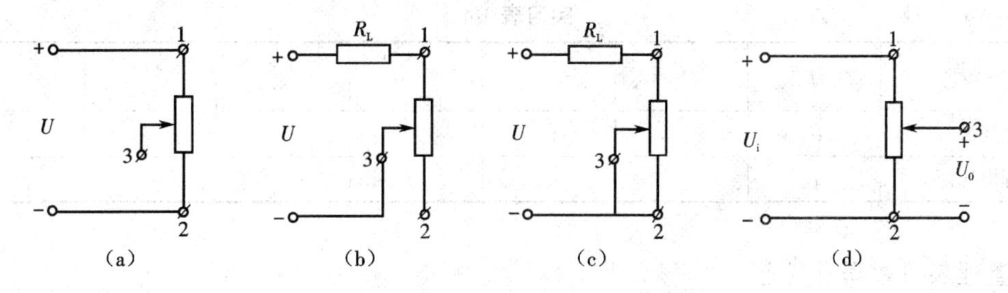

实习图 1-2　滑线电阻器的应用电路

(a)固定电阻；(b)、(c)可变电阻；(d)分压器

滑线电阻的主要参数是阻值变化范围和额定电流，一般在铭牌上标出。使用时无论接何种应用电路，都应使通过各段电阻上的电流不超过额定值。

4.电源伏安特性的测定

(1)直流电压源(将稳压电源近似为电压源)伏安特性的测定

①按实习图1-3接线,将直流稳压电源视作电压源,取 $R=100\ \Omega$,R_P阻值为200 Ω(滑线电阻器 R_P置于最大电阻值位置)。

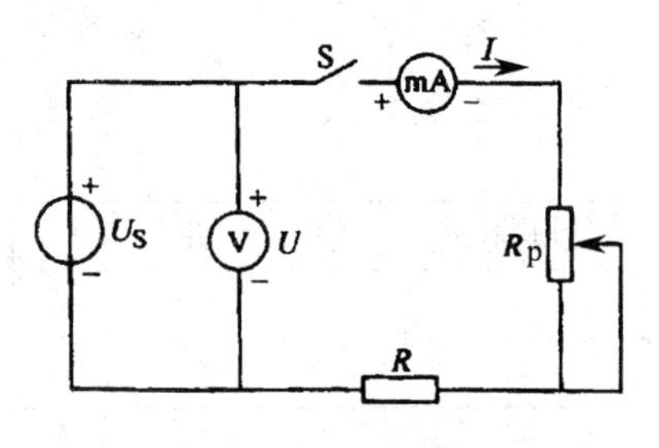

实习图1-3 电压源实验电路

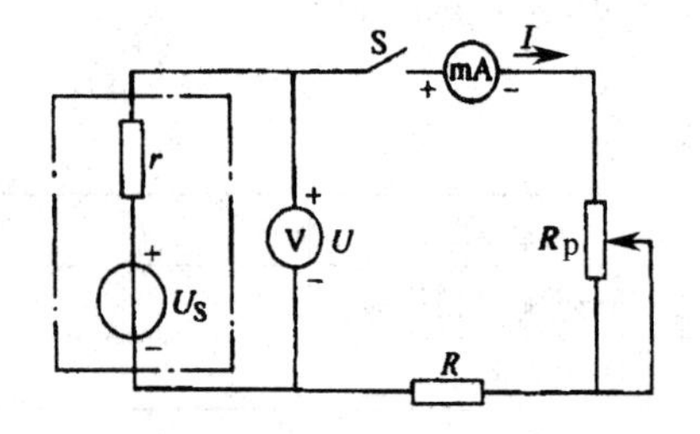

实习图1-4 实际电压源实验电路

②闭合开关S,稳压电源输出电压 $U_s=24$ V,改变 R_P的值,使电路中的电流分别为20 mA、30 mA、40 mA、50 mA、60 mA,测量对应的直流电压源端电压 U,记入实习表1-3中。

实习表1-3

电流	I						
电压源	U_S						
实际电压源	U						

(2)实际电压源伏安特性的测定

①按实习图1-4接线,将直流稳压电源 U_S 与电阻 r(取500 Ω)串联模拟实际直流电压源,如实习图中点画线框内所示,取 $R=100\ \Omega$,滑线电阻器 R_P 置于最大电阻值位置。

②闭合开关S,稳压电源输出电压 $U_S=24$ V,改变滑线电阻器 R_P 的值,使电路中的电流分别为20 mA、30 mA、40 mA、50 mA、60 mA,测量对应的直流电压源端电压 U,记入实习表1-4中。

实习表1-4

电流	I						
电压源	U_S						
实际电压源	U						

5.整理实习数据及仪器

所有实习项目完成后,应先自查实习数据,再请指导教师审核,通过后才能拆除实习线路并整理仪器。

五、预习要求

①预习实习指导书。

②考虑如何用单向偏转的直流电压表测量直流电压。在选定参考方向下,如何记录所测直流电压的正负,如何测量电路中的负电位。

六、问题讨论

①总结操控台的电源开关保护作用及注意事项。
②用实习数据说明直流电路中的电压表、电流表的作用。
③列出实习仪器和器材的清单(规格、型号、数量)。

实习二　正弦交流电路的认识

一、实习目的

①学习交流电流表和电压表的使用。
②熟悉万用表交流电压挡的使用。
③练习使用单相调压器。
④了解测电笔的用法。
⑤研究同频率正弦量有效值的关系。

二、实习原理

1.调压器

为了安全,电源中性线(可用试电笔区别电源的相线与中性线)应接输入与输出的公共端。这样当二次侧输出电压为零时,二次侧实验电路各点均与地等电位。转动手柄时,一次侧匝数 N_1 不变,二次侧匝数 N_2 改变,输出电压可在 0~250 V 之间调节,输出电压的大小应由实习所接电压表读出。输入端与输出端切不可接反,且每次接通或断开电源前均应将调节手柄旋至零位。

调压器的额定值主要有额定电压和额定容量。额定电压一般为 220~250 V,额定容量有 0.5 kW、1 kW 等。使用调压器时不仅要使输入电压与电源电压相符,而且要容量满足负载要求。

2.试电笔

如实习图 2-1 所示,试电笔主要由氖泡和大于 10 MΩ 的碳电阻构成。当氖泡两端所加电压达到 60~65 V 时,产生辉光放电现象,发出红色光亮。使用试电笔可以测得导线或其他导体对地大概有的电位差。使用者站在地面上,手握试电笔笔帽导电部分,这时人体、地、试电笔构成一个回路。如果被测电压达到氖泡的起辉电压,氖泡发光,电流在包括人体电阻的回路中流通。

一般试电笔的测量范围为 100~500 V,氖泡亮度越大,说明被测导体对地电位差越大,所以用试电笔可以粗略地估计导体对地电压的高低。试电笔常用来区分市电电源的相线(火线)与中性线。用试电笔测相线,氖泡发光;用试电笔测中性线,氖泡不发光。

由于试电笔中的限流碳电阻阻值很大,流过人体电阻(下限平均值约 2 kΩ)的电流很小,可以保证人身安全。注意,不能用普通试电笔测 500 V 以上的高压,否则造成人身事故。

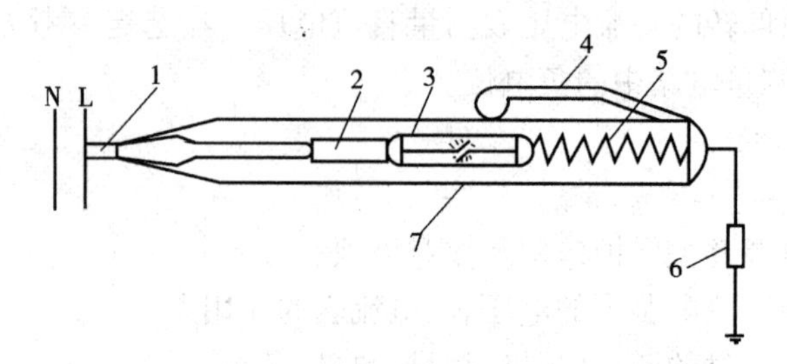

实习图 2-1 试电笔工作的等效电路

1—触头 2—碳质电阻 3—氖泡 4—金属笔扣
5—弹簧 6—人体电阻 7—观察窗孔 L—火线 N—零线

实习中所用滑线电阻和电容的特性可近似认为是线性的。

三、仪器仪表

①单相调压器 1 台
②交流电压表 1 台
③交流电流表 1 台
④滑线电阻器 1 台
⑤万用表 1 台
⑥电容器若干只(含 16 μF 一只)
⑦试电笔 1 只

四、实习步骤

1.认识交流电压表、电流表及万用表交流电压挡

观察实习所用交流电压表、电流表的表面标记,理解表面标记的意义,记入实习表 2-1 中。

实习表 2-1

交流电压表	表面标记						
	表面标记的意义						
交流电流表	表面标记						
	表面标记的意义						

2.了解实习室电源

①认真听取指导教师对电工实习室工频电源配置的介绍后,用试电笔测量配电板上各接线柱和插座插孔的电压,判别相线与中性线。

②将万用表的转换开关置于测量交流电压的挡位上,然后用它测试配电板上 A、B、C、N 各接线柱间的电压及插座各插孔间的电压,所得数据记入实习表 2-2 中。

实习表 2-2

被测电压	插座插孔之间(V)				接线柱之间(V)					
	U_{12}	U_{34}	U_{56}	U_{78}	U_{AB}	U_{BC}	U_{CA}	U_{AN}	U_{BN}	U_{CN}
测量数据(V)										

在不知被测电压大小的情况下,先从最大量程开始试测。当仪表指示小于一半量程时,应考虑更换合适的量程。读数时要找准对应的交流电压刻度尺,正确读取数据。由于电源电压较高,实习时不准用手触摸电路中导体的裸露部分。

3.认识单相调压器

如实习图 2-2 所示接线,经检查接通电源。转动调压器手柄,使输出电压值由零逐渐增大,观察接至调压器 a 端的试电笔何时开始发光。将试电笔氖泡开始发光时的电压 U_{min} 及调压器输出电压的最大有效值 U_{max} 记入实习表 2-3 中。

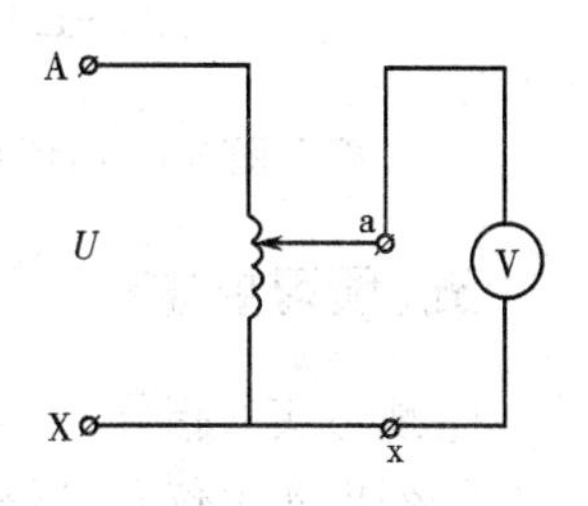

实习图 2-2　调压器的输出电压

实习表 2-3

被测电压(V)	U_{min}	U_{max}
电压表指示值(V)		

4.同频率正弦量有效值的关系

①如实习图 2-3 所示接线,其中 R 用滑线电阻的全部电阻(200 Ω),C 取 16 μF,电流表用 1 A 量程,电压表用 150 V 量程。经检查确认电路接线无误后,接通电源,转动调压器的手轮并观察电压表指针的偏转,使调压器输出电压 U 为 150 V 并保持不变,测量 U_{ax}、U_R、U_C 和 I,并记入实习表 2-4 中。(图中"+、-"为区分测量表笔)

实习表 2-4

U_{ax}(V)	U_R(V)	U_C(V)	I(A)

②在考虑如何测量电路的三个支路电流、正确选择电流表的量程后,按实习图 2-4 接线,R 和 C 的值仍和①步骤相同,调压器输出电压 U 为 120 V,将所测数据记入实习表 2-5 中。

实习表 2-5

U_{ax}(V)	I(A)	I_R(A)	I_C(A)

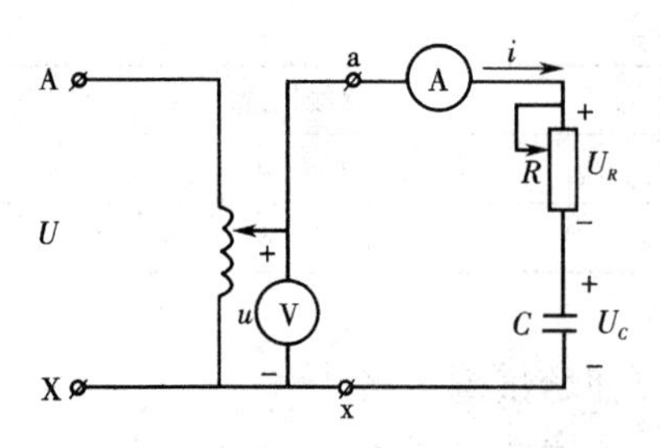

实习图 2-3 同频率正弦电压的测量

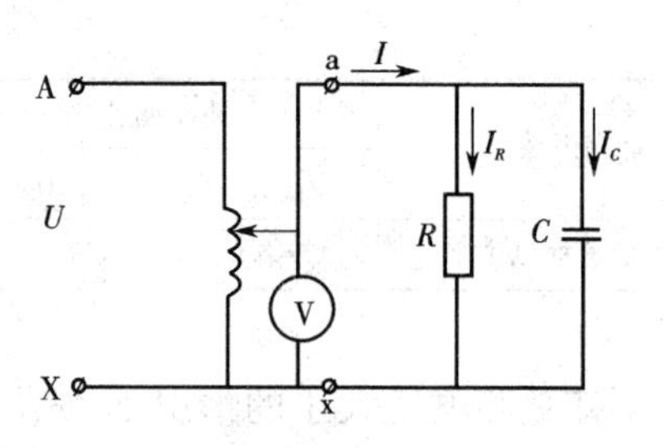

实习图 2-4 同频率正弦电流的测量

五、预习要求

①预习实习指导书。
②列出实习仪器、器材的清单(规格、型号、数量)。
③认真预习实习安全规则。

六、问题讨论

①根据电阻元件和电容元件的特性分别画出实习图 2-4 中电压、电流相量的相量图。
②解释实习图 2-4 中 $U_{ax} \neq U_R + U_C$ 的原因。

实习三 电阻、电感及电容的识别

一、实习目的

①了解电阻的分类、主要参数、型号规格和基本检测方法。
②了解电容的分类、主要参数、型号规格和基本检测方法。
③了解电感的分类、主要参数、型号规格。

二、仪器设备

①数字万用表 1 只
②电阻若干
③电容若干
④电感若干

三、实习步骤

①学习辨认电阻的种类,测量电阻值,将有关数据记入实习表 3-1 中。

实习表 3-1

序号	型号	种类	标称阻值	允许偏差	额定功率	测量仪器	测量阻值
1							
2							
3							
4							
5							
6							

②学习辨认电容的种类，测量电容量，将有关数据记入实习表 3-2 中。

实习表 3-2

序号	型号	种类	标称电容值	允许偏差	测量仪器	测量电容量
1						
2						
3						
4						
5						
6						

③学习辨认电感的种类，将有关数据记入实习表 3-3 中。

实习表 3-3

序号	型号	种类	标称电感量	允许偏差	直流电阻
1					
2					
3					
4					

四、预习要求

①预习有关电路元件的章节，熟悉电阻、电容及电感的基本知识。
②预习万用表的使用方法。
③列出实习仪器、器材的清单（规格、型号、数量）。

五、问题讨论

①打开你的收音机或随身听，统计一下有几种类型的电阻、电容和电感。
②用万用表检查较大容量的电容时，若电容可能已充电，检测前应如何处理？

③用万用表检查电解电容时，除了注意是否充电外，还要特别注意什么问题？

实习四　电子电路的安装焊接

一、实习要求

①掌握电子元器件的焊前处理方法。
②熟悉电子元器件的检测和筛选方法。
③掌握锡钎焊工艺过程和操作方法。

二、实习方案

①整理备选的印刷电路板。
②插装元器件至印刷电路板。
③焊接印刷电路板。
④自己设计、制作导线焊接工艺品（正方体、飞机、雨伞、蝴蝶等）。

三、实习步骤

①准备好所需材料，查阅电子元器件手册，写出二极管、阻容器件、集成稳压电路的参数，并用万用表进行检测和筛选。
②在印刷电路板上插入元器件。
③按照印刷电路板上焊盘的距离，将分立元件整理成卧式和立式安装形式。
④焊前去除焊件上的表面污垢再安装在电路板上。
⑤熟悉焊接工艺，掌握锡焊技巧，焊点不能有虚焊和假焊。对于二极管、集成稳压电路、电解电容要注意极性。

四、成绩评定

成绩评定参见实习表4-1。

实习表4-1

评分内容	配分	评分标准	扣分	得分
焊前处理	20	元器件成形边引脚表面上锡不符合要求，每项扣分		
安装、焊接	20	元器件安装错误，每处扣分；漏焊，每处扣分		
焊接要求	60	虚焊每点扣分；损坏元器件，每点扣分；焊点不光滑、有毛刺，每点扣分；印刷电路板不整洁，扣分		
安全文明操作		违反规定酌情扣分		

五、预习要求

①预习实习指导书。

②列出实习仪器、器材的清单(规格、型号、数量)。

实习五　SMT 实习

一、实习产品简介

1. 产品特点

收音机采用电调谐单片 FM 收音机集成电路,调谐方便准确。接收频率为 87～108 MHz,有较高接收灵敏度且外形小巧,便于随身携带(见实习图 5-1)。

电源电压范围为 1.8～3.5 V,充电电池(1.2 V)和一次性电池(1.5 V)均可工作。内设静噪电路,抑制调谐过程中的噪声。

实习图 5-1　收音机外观图

2. 工作原理

电路核心是单片收音机集成电路 SC1088。它采用特殊的低中频(70 kHz)技术,外围电路省去了中频变压器和陶瓷滤波器,使电路简单可靠,调试方便。SC1088 采用 SOT16 脚封装。实习表 5-1 给出该集成电路的引脚功能,实习图 5-2 是电原理图。

实习表 5-1　FM 收音机集成电路 SC1088 引脚功能

引脚	功能	引脚	功能	引脚	功能	引脚	功能
1	静噪输出	5	本振调谐回路	9	IF 输入	13	限幅器失调电压电容
2	音频输出	6	IF 反馈	10	IF 限幅放大器的低通电容器	14	接地
3	AF 环路滤波	7	1 dB 放大器的低通电容器	11	射频信号输入	15	全通滤波电容搜索调谐输入
4	V_{CC}	8	IF 输出	12	射频信号输入	16	电调谐 AFC 输出

(1)FM 信号输入

在实习图 5-2 中,所有 FM 信号均由耳机线馈入经 C14、C15 和 L3 的输入电路进入 IC 的 11、12 脚混频电路。

(2)本振调谐电路

本振电路中关键元器件是变容二极管。它是利用 PN 结的结电容与偏压有关的特性制成的"可变电容"。

如实习图 5-3(a) 所示,变容二极管加反向电压 u_d,其结电容 C_d 与 u_d 的特性如实习图 5-3(b)所示,属非线性关系。这种电压控制的可变电容广泛用于电调谐、扫频等电路中。

本电路中控制变容二极管 V1 的电压由 IC 第 16 脚给出。当按下扫描开关 S1 时,IC 内部的 RS 触发器打开恒流源,由 16 脚向电容 C9 充电。C9 两端电压不断上升,V1 电容量不断变化,由 V1、C8、L4 构成的本振电路的频率不断变化而进行调谐。当收到电台信号后,信号检测电路使 IC 内的 RS 触发器翻转,恒流源停止对 C9 充电,同时在 AFC(Automatic Frequency Con-

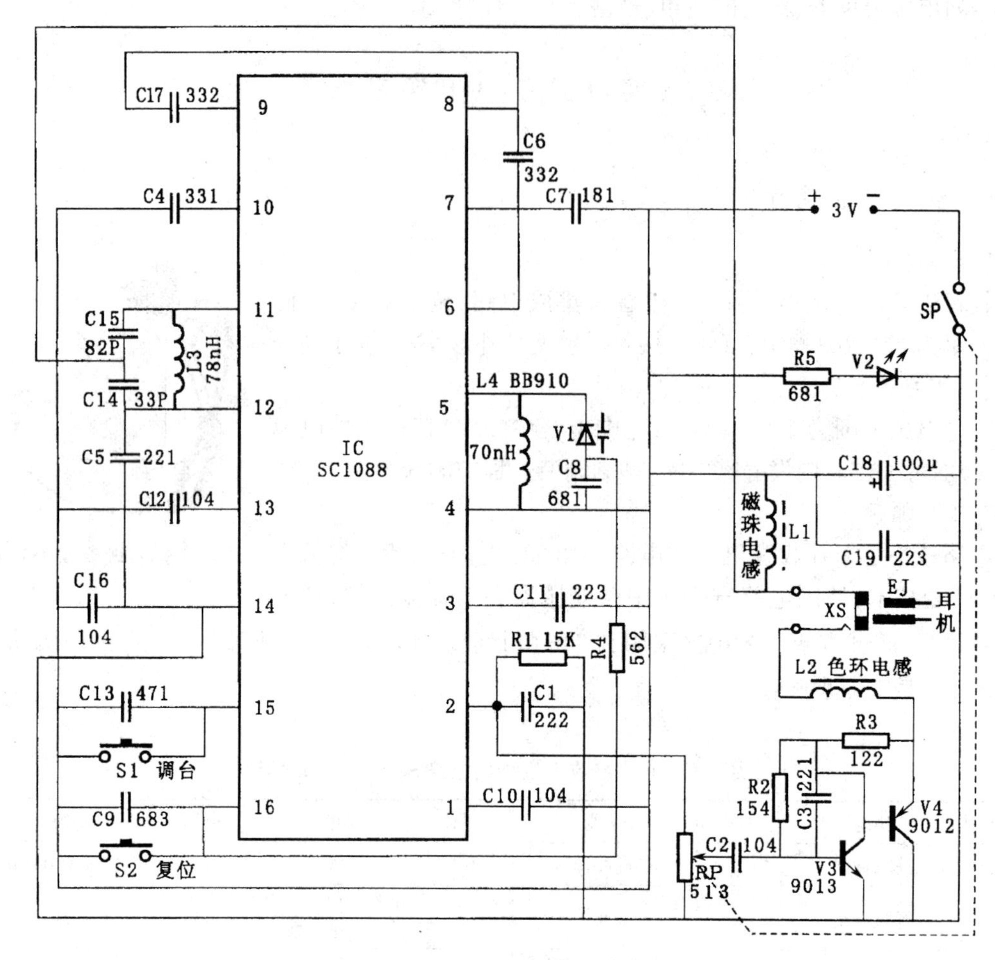

实习图 5-2　电原理图

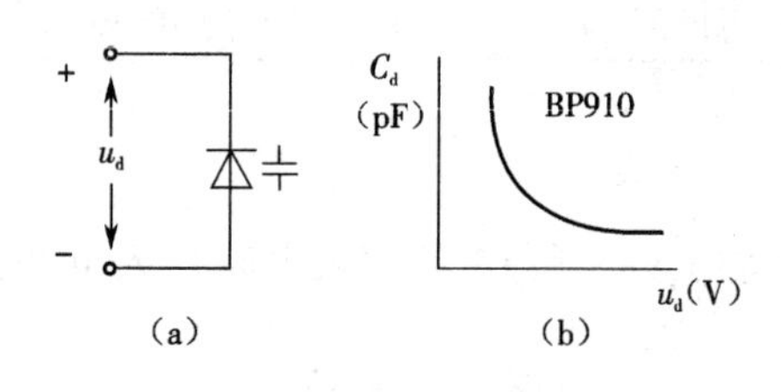

实习图 5-3　变容二极管

(a)变容二极管加反向电压；(b) C_d-u_d 特性曲线

trol)电路作用下，锁住所接收的广播节目频率，从而可以稳定接收电台广播，直到再次按下 S1 开始新的搜索。当按下 Reset 开关 S2 时，电容 C9 放电，本振频率回到最低端。

(3)中频放大、限幅与鉴频

电路的中频放大、限幅及鉴频电路的有源器件及电阻均在 IC 内。FM 广播信号和本振电路信号在 IC 内混频器中混频产生 70 kHz 中频信号，经内部 1 dB 放大器、中频限幅器送到鉴频器检出音频信号，经内部环路滤波后由 2 脚输出音频信号。电路中 1 脚的 C10 为静噪电容，3 脚的 C11 为 AF(音频)环路滤波电容，6 脚的 C6 为中频反馈电容，7 脚的 C7 为低通电容，8 脚与 9 脚之间的电容 C17 为中频耦合电容，10 脚的 C4 为限幅器的低通电容，13 脚的 C12 为中限幅器失调电压电容，C13 为滤波电容。

(4)耳机放大电路

由于用耳机收听所需功率很小，本机采用了简单的晶体管放大电路。2 脚输出的音频信号经电位器 RP 调节电量后，由 V3、V4 组成复合管甲类放大。R1 和 C1 组成音频输出负载，线圈 L1 和 L2 为射频与音频隔离线圈。

二、实习产品安装工艺

1. 安装程序

SMT 安装程序见实习图 5-4。

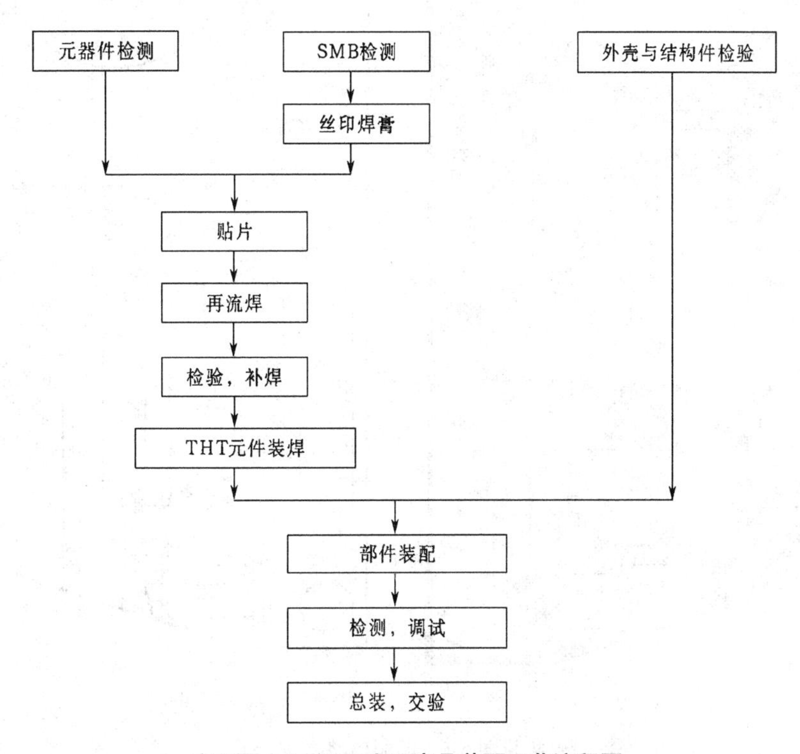

实习图 5-4　SMT 实习产品装配工艺流程图

2. 安装步骤及要求

(1)技术准备

①了解 SMT 基本知识,具体内容为 SMT 特点及安装要求、SMT 及 SMD 设计及检验、SMB 工艺过程和再流焊工艺及设备。

②了解实习产品简单原理。

③了解实习产品结构及安装要求。

(2)安装前检查

1)SMB 检查　对照实习图 5-5 检查。具体检查内容如下:①图形是否完整,有无短、断缺陷;②孔位及尺寸;③表面涂覆(阻焊层)。

2)外壳及结构件检查　具体检查内容如下:①按材料清单查零件品种规格及数量(表贴元器件除外);②检查外壳有无缺陷及外观损伤;③检查耳机。

3)THT 元件检测　检查内容如下:①检测电位器阻值调节特性;②检测 LED、线圈、电解电容、插座、开关的好坏。

3. 贴片及焊接

①丝印焊膏,并检查印刷电路板的情况。

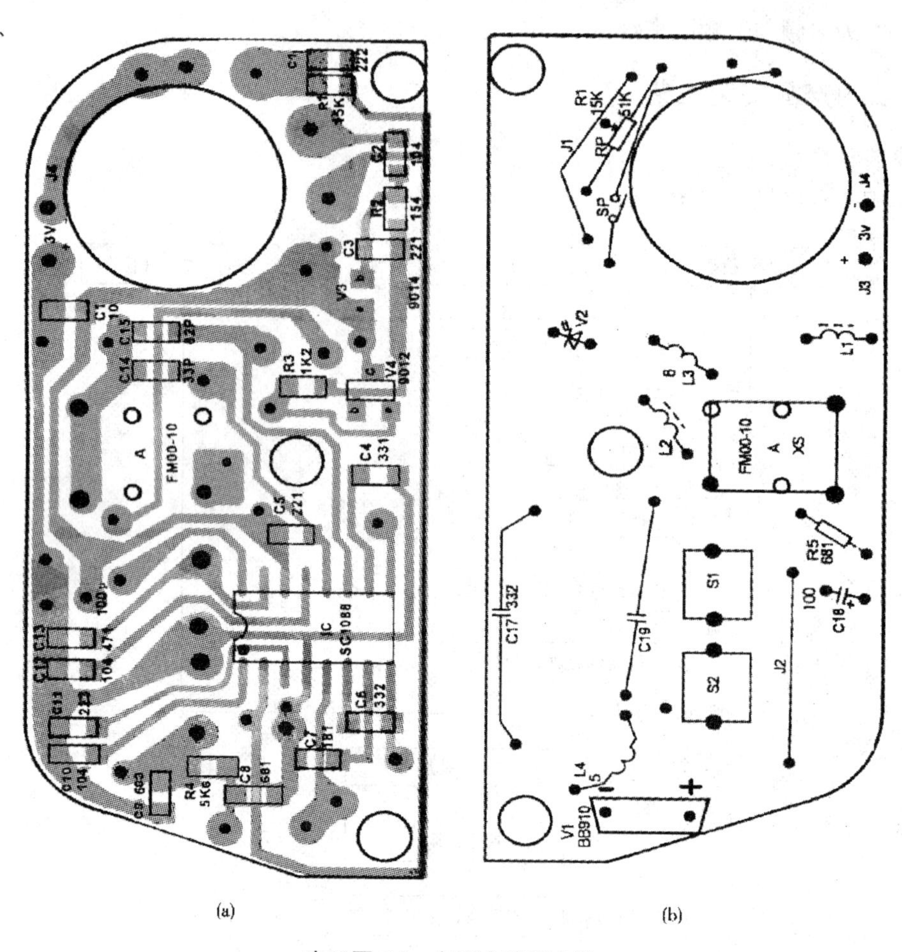

实习图 5-5　印刷电路板安装

(a)SMI 贴片安装图;(b)THT 插件安装图

②按工序流程贴片,顺序是 C1/R1、C2/R2、C3/V3、C4/V4、C5/R3、C6/SC1088、C7、C8/R4、C9、C10、C11、C12、C13、C14、C15、C16。

注意事项如下:

①SMC 和 SMD 不得用手拿,应用镊子夹持或者真空吸笔,不可夹持到引线上;

②安装 IC1088 时注意标记方向;

③贴片电容表面没有标签,一定要保证准确及时贴到指定位置;

④检查贴片数量及位置;

⑤再用回流焊机焊接;

⑥检查焊接质量及修补焊点。

4. 安装 THT 元器件

①安装并焊接电位器 RP,注意电位器与印制板平齐。

②安装耳机插座 XS。

③安装轻触开关 S1、S2 及跨接线 J1、J2(可用剪下的元件引线)。

④安装变容二极管 V1(注意,极性方向)如实习图 5-6(c)所示。

⑤安装电感线圈 L1 ~ L4。L1 用磁环电感，L2 用色环电感，L3 用 8 匝空心线圈，L4 用 5 匝空心线圈。

⑥贴板安装电解电容 C18(100 μF)。

⑦注意发光二极管 V2 高度，极性如实习图 5-6(a)、(b)所示。

⑧焊接电源连接线 J3、J4，注意正负连线颜色。

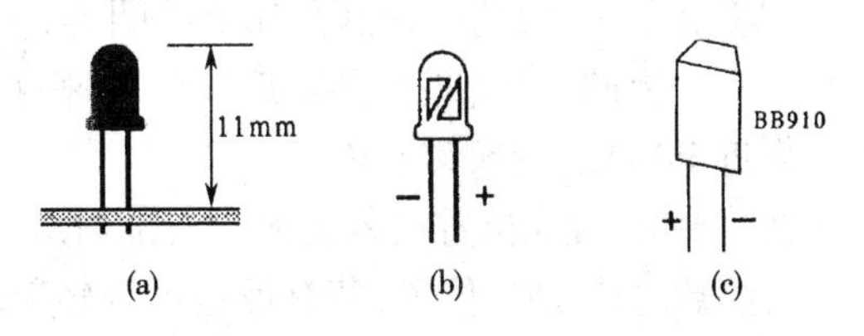

实习图 5-6　二极管安装和极性示意图

(a)LED 的安装图；(b)LED 的极性图；(c)V1 的极性图

5.调试及总装

(1)调试

1)目视检查所有元器件　焊接完成后，检查元器件型号、规格、数量及安装位置、方向是否与图纸相符。检查焊点有无虚、漏、桥接、飞溅等缺陷。

2)检测总电流　方法如下：①按 1)检查无误后，将电源线焊到电池片上；②在电位器开关断开的状态下装入电池；③插入耳机；④用万用表 200 mA(数字表)或 50 mA 挡(指针表)跨接在开关两端用来测电流。用指针表时，注意表笔的极性。正常电流应为 7 ~ 30 mA(与电源电压有关)，并且 LED 正常点亮。实习表 5-2 是样机测试结果，可供参考。

实习表 5-2

工作电压(V)	1.8	2	2.5	3	3.2
工作电流(mA)	8	11	17	24	28

(注意：如果电流为零或超过 35 mA，应检查电路。)

3)搜索电台广播　如果电流在正常范围，可按 S1 搜索电台。只要元器件质量完好，安装正确，焊接可靠，不用调任何部分即可收到电台广播。如果收不到广播应仔细检查电路，特别要检查有无错装、虚焊、漏焊等缺陷。

4)调接收频段(俗称调覆盖)　我国调频广播的频率范围为 87 ~ 108 MHz，调试时可找一个当地频率最低的 FM 电台(例如在北京，北京文艺台为 87.6 MHz)，适当改变 L4 的匝间距，使按过 RESET(S1)键后第一次按 SCAN(S2)键可收到这个电台。由于 SC1088 集成度高，如果元器件一致性较好，一般均可覆盖 FM 频段。

5)调灵敏度　本机灵敏度由电路及元器件决定，一般不用调整，即可正常收听。无线电爱好者可在收听频段中间电台(例为 97.4 MHz 音乐台)时，适当调整 L4 匝距，使灵敏度最高(耳机监听音量最大)。

(2)总装

1° 腊封线圈

调试完成后将适量泡沫塑料填入线圈 L4(注意不要改变线圈形状及匝距)，滴入适量腊后使线圈固定。

2° 固定 SMB 并装外壳

操作步骤如下。

①将外壳面板平放到桌面上(注意不要划伤面板)。

②将2个按键帽放入孔内,如实习图5-7所示。注意:SCAN(S2)键帽上有缺口,放键帽时要对准机壳上的凸起(即放在靠近耳机插座这边的按键孔内)。RESET(S1)键帽上无缺口(即放在靠近R4这边的按键孔内)。

③将SMB对准位置放入壳内。对准时应注意以下几点:

a.注意对准LED位置,若有偏差可轻轻掰动,偏差过大必须重焊;

b.注意三个孔与外壳螺柱的配合,如实习图5-8所示;

c.注意电源线,不妨碍机壳装配。

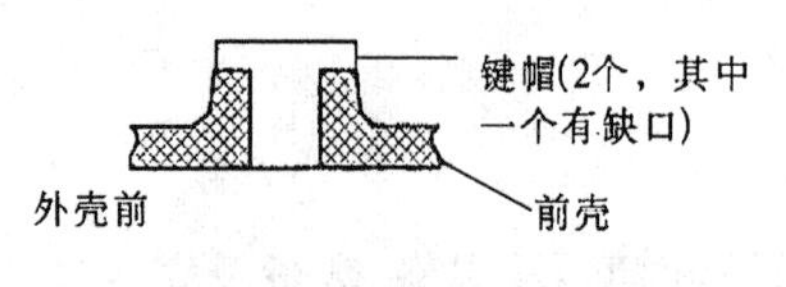

实习图5-7 键帽固定示意图

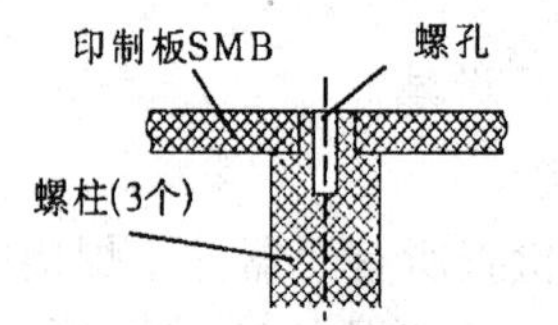

实习图5-8 印刷电路板固定示意图

④装上中间螺钉,注意螺钉旋入手法。

⑤装电位器旋钮,注意旋钮上凹点的位置(参照实习图5-1外观图)。

⑥装后盖,拧上两边的两个螺钉。

⑦装卡子。

(3)检查

总装完毕,装入电池,插入耳机进行检查。要求做到电源开关手感良好、音量正常可调、收听正常、表面无损伤。

三、预习要求

①预习实习指导书。

②列出实习仪器、器材的清单(规格、型号、数量)。

③FM收音机材料清单见实习表5-3。

实习表5-3

序号	名称	型号规格	位号	数量	序号	名称	型号规格	位号	数量
1	贴片集成块	SC1088	IC	1	10	耳机	32 Ω×2	EJ	1
2	贴片三极管	9014	V3	1	11	贴片电阻	153	R1	1
3	贴片三极管	9012	V4	1	12	贴片电阻	154	R2	1
4	二极管	BB910	V1	1	13	贴片电阻	122	R3	1
5	二极管	LED	V2	1	14	贴片电阻	562	R4	1
6	磁珠电感		L1	1	15	插件电阻	681	R5	1
7	色环电感		L2	1	16	电位器	51K	RP	1
8	空心电感	78nH8圈	L3	1	17	贴片电容	222	C1	1
9	空心电感	70nH5圈	L4		18	贴片电容	104	C2	1

续表

序号	名称	型号规格	位号	数量	序号	名称	型号规格	位号	数量
19	贴片电容	221	C3	1	35	插件电容	223	C19	1
20	贴片电容	331	C4	1	36	导线	ϕ 0.8×6 mm		2
21	贴片电容	221	C5	1	37	前盖			1
22	贴片电容	332	C6	1	38	后盖			1
23	贴片电容	181	C7	1	39	电位器钮	(内、外)		各1
24	贴片电容	681	C8	1	40	开关按钮	(有缺口)	SCAN键	1
25	贴片电容	683	C9	1	41	开关按钮	(无缺口)	RESET键	1
26	贴片电容	104	C10	1	42	挂钩			1
27	贴片电容	223	C11	1	43	电池片	正、负连体片	(3件)	各1
28	贴片电容	104	C12	1	44	印制板	55×25 mm		1
29	贴片电容	471	C13	1	45	轻触开关	6×6二脚	S1、S2	各2
30	贴片电容	33	C14	1	46	耳机插座	ϕ 3.5	XS	1
31	贴片电容	82	C15	1	47	电位器螺钉	ϕ 1.6×5		1
32	贴片电容	104	C16	1	48	自攻螺钉	ϕ 2×8		2
33	插件电容	332	C17	1	49	自攻螺钉	ϕ 2×5		1
34	电解电容	100 μF	C18	1					

实习六　电工常用工具的使用

一、实习内容

1.电工常用工具

①学习常用工具的使用。

②工具及材料有低压验电器(试电笔)、螺钉旋具、尖嘴钳、剥线钳、偏口钳、导线。

③训练步骤如下:

a.教师示范各种电工常用工具的使用方法;

b.使用电工工具紧固螺丝,剪切导线,测量带电体;

c.切割、安装线槽,设计尺寸应大于2/3面板面积。

④注意事项如下:

a.使用低压验电器(试电笔)时的安全事项;

b.工具使用完后应放回工具箱。

2.导线剥削连接和绝缘恢复

(1)训练内容

单、多股铜芯导线的分支连接及绝缘恢复;塑料铜芯硬导线的直线连接及绝缘恢复。

(2)工具及材料

偏口钳、剥线钳、绝缘胶带、导线。

(3)训练步骤

①剥削绝缘层。

②做单、多股铜芯导线的分支连接和直线连接。

③绝缘恢复。

二、注意事项

①导线剥削余量要合适。

②工具使用要安全。

③电源线和插头安装时,按要求选择导线颜色。

三、考核标准

考核标准见实习表 6-1。

实习表 6-1

项目内容	配分	评分细则
1.绝缘导线剥削	2	导线剥削方法不正确扣分
2.导线直线(三种方法)连接 导线分支(两种方法)连接	3	1.导线缠绕方法不正确扣分 2.导线缠绕不整齐扣分 3.导线连接不紧、不平直、不圆扣分 4.导线剥削余量不合适扣分
3.恢复绝缘层	3	包扎方法不正确扣分
4.安全、文明实习	2	1.发生安全事故、材料摆放零乱扣分 2.超出规定时间扣分

四、预习要求

①预习实习指导书。

②列出实习仪器、器材的清单(规格、型号、数量)。

实习七　低压开关的拆装与调试

一、实习目的

①掌握低压开关的结构及工作原理。

②准备以下工具和器件:

a.电工通用工具一套,包括验电器、螺钉旋具(一字形和十字形)、尖嘴钳等;

b.万用表一台;

c.组合开关、DZ5 系列断路器。

二、实习内容

①组合开关的拆装与调试。

②DZ5 系列断路器的检查。

三、实习步骤及注意事项

①根据图样正确拆装低压开关，指出各零部件的名称。重点是按步骤正确拆装，而且要做到分开摆放。

②装配并恢复零部件的完整性，用万用表检查各接触头的通断情况。如出现受损零部件，应予以修理或更换。

③对于 DZ5 系列断路器，要检查动触头、静触头、灭弧室和操作机构、热脱扣器、电磁脱扣器、手动脱扣操作机构及外壳等部分。对于带有欠电压脱扣器的断路器，要检查欠电压脱扣器质量的好坏。用万用表检查外壳顶部突出的红色按钮(分钮)和绿色按钮(合钮)的接通和分断。

④注意事项如下：

a.在检查零部件前，应合理选择万用表电阻挡量程；

b.拆装时，注意各零部件不要丢失，而且要记住零部件的拆卸顺序，以便复原；

c.对于 DZ5 系列断路器，要注意动触头、静触头、灭弧室的安装，避免以后使用时产生电弧；

d.自检工作完毕后，经实习指导教师检查合格后，方可通电试运行；

e.操作实习应在规定的时间内完成，同时要做到安全操作和文明实习。

⑤评分标准见实习表 7-1。

实习表 7-1

低压开关、继电器拆装与调试考核标准				
序号	主要内容	考核要求	评分标准	配分
1	低压电器的拆装与调试	拆装图要标清零部件的作用、名称、数量、拆装方法及步骤	1.不明白零部件作用扣分 2.错、漏装一处扣分 3.拆装方法步骤不正确，扣分	50
2	校验元件	装配恢复零部件的完整性	装配方法及步骤不正确扣分	20
3	仪表使用	万用表电阻挡使用注意事项	量程选择、调零和读数有错误扣分	20
4	安全文明实习	1.穿戴整齐 2.电工工具正确使用 3.遵守操作规程 4.尊重老师，讲文明礼貌 5.考试结束要清理现场	1.各项考核中，违犯安全文明实习考核要求的任何一项扣分 2.学生在不同的技能考核中，违犯安全文明实习考核要求同一项内容的，要累计扣分。 3.当老师发现学生有重大事故隐患时要立即予以制止，并每次扣学生安全文明实习总分	10

四、预习要求

①预习实习指导书。

②列出实习仪器、器材的清单(规格、型号、数量)。

实习八　接触器的拆装与调试

一、实习目的

掌握接触器的结构和工作原理。

①安装接触器前,应先检查接触器的线圈电压,判定它是否符合实际使用需求,然后将铁芯极面上的防锈油擦净,以免因油垢黏滞而造成接触器线圈断电后铁芯不被释放;同时,用手分合接触器的活动部分,检查各触头接触是否良好,是否有卡阻现象。

②安装接触器时,底面与地面间的倾斜度应小于 5°,应使有孔的两端面放在上下方向,以利于散热。

③接触器的触头不允许涂防锈油。当触头表面因电弧作用而形成金属小珠时,应及时通过锉削方法除掉,但银及银合金触头表面会产生氧化膜,如接触电阻很小,不必锉修,否则将缩短触头的使用寿命。

二、实习内容及设备

熟悉并学会接触器的拆装与调试。

①掌握交流接触器的拆装、调试。

②准备要求如下:

a.电工通用工具一套,包括验电器、旋具(一字形和十字形)、尖嘴钳等;

b.万用表一台;

c.CJ 系列接触器一台。

三、实习步骤及要求

①了解交流接触器的特点和使用场合。

②绘制拆装图。正确拆装接触器,并将拆下的零部件分开摆放,指出各零部件的名称。

③装配并恢复零部件的完整性,用万用表检查各接触点的通断情况。如出现受损零部件,应予以修理或更换。

④要求交流接触器触头的导电和接触必须良好。首先检测动断触头,可用万用表电阻挡的 $R\times10$ 或 $R\times100$ 挡位进行检测,电阻值应为 0。在检测动合触头时,用工具压下动铁芯,同样用万用表电阻挡的 $R\times10$ 或 $R\times100$ 挡位进行检测,电阻值也应为 0。检测线圈时,万用表显示一定的阻值,阻值的大小与线圈的匝数有关,且线圈的匝数与阻值成正比,这也是判断线圈质量好坏的一种方法。

⑤在检测触头时,触头应保持较高的光洁度,这是减小电弧产生的最有效的方法之一。当触头表面出现氧化物或其他污物时,可使用工具清除。

⑥注意事项如下:

a.检查零部件前,选择万用表电阻挡量程时,应按照万用表的要求合理选用;

b.拆装时,注意各零部件不要丢失,而且要记住零部件的拆卸顺序,以便恢复;

c.安装好交流接触器的短路铜环,以避免产生振动和噪声;

d.交流接触器的衔铁与弹簧应安装正确,避免磨损或造成触头接触不良;
e.反作用弹簧、缓冲弹簧、触头压力弹簧片的压力一定要调整好,避免触头过热;
f.自检工作完毕后,经实习指导教师检查合格后,方可通电试运行;
g.实习应在规定的时间内完成,同时要做到安全操作和文明实习。

四、预习要求

①预习实习指导书。
②列出实习仪器、器材的清单(规格、型号、数量)。
③评分标准同实习七。

实习九　日光灯电路

一、实习目的

①了解日光灯电路的工作原理,学会日光灯接线。
②了解提高功率因数的意义和方法。
③学会使用功率表。

二、实习原理

1.日光灯的构成和工作原理

日光灯也称荧光灯,它由灯管、镇流器和启辉器三部分组成,如实习图 9-1(a)所示。灯管是一根细长的玻璃管,内壁均匀涂有荧光粉,管内充有水银蒸气和稀薄的惰性气体。在灯管两端装有灯丝,灯丝上涂有受热后易发射电子的氧化物。镇流器是一个装有铁芯的电感线圈,须与相应功率灯管配套使用。启辉器的结构如实习图 9-1(b)所示,内装有动(双金属片)、静触点和小容量纸质电容器或涤纶电容器。当日光灯电源接通后,启辉器开始辉光放电,双金属片受热、接触,电流经镇流器、灯丝和启辉器构成闭合回路,这时启辉器停止放电,双金属片因冷却温度下降而使动、静触头分离。在接触断开的瞬间,回路电流突然切断,使镇流器两端产生比电源电压高得多的感应电压。这个感应电压与电源电压共同加在灯管两端,使灯管内惰性气体分子电离而产生弧光放电,管内温度逐渐升高,水银蒸气游离,产生大量的紫外线,紫外线激发灯管壁的荧光物质发出近似日光光谱的光线,因此称为日光灯。日光灯点亮后,灯管近似为一个非线性电阻,两端电压不足以使启辉器再次放电,启辉器处于断开状态。此时镇流器与灯管串联构成电流通路,镇流器感抗很大,可以限制和稳定电路的工作电流。现在大量使用了一种电子镇流器,其自身功耗小于 1 W(电感镇流器为 5 ~ 8 W),并具有无闪频、无噪声、亮度稳定、功率因数高等特点。

2.日光灯正常工作时的等效电路

点亮日光灯后,等效电路如实习图 9-2 所示。通过测量镇流器、灯管两端的电压,可以观察电路中各电压的分布情况。

3.提高功率因数的办法

由于镇流器的感抗较大,日光灯的功率因数较低,一般为 0.5。过低的功率因数不利于电

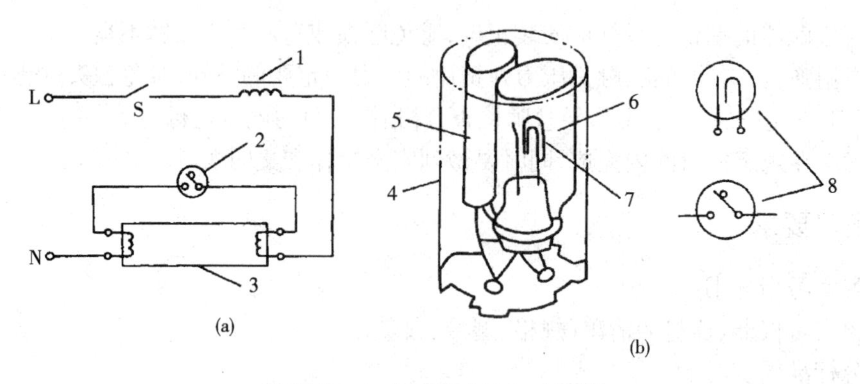

实习图 9-1 日光灯电路与启辉器

(a)日光灯电路;(b)日光灯启辉器

1—镇流器 2—启辉器 3—日光灯 4—启辉器外壳 5—纸质电容

6—玻璃泡 7—双金属片 8—图形符号

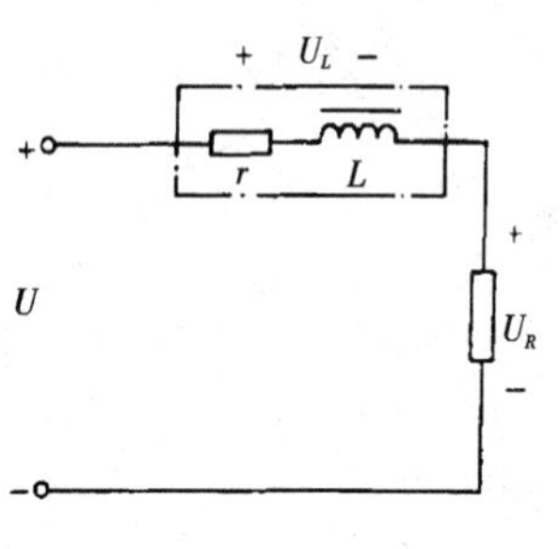

实习图 9-2 日光灯点亮后的等效电路

能的充分利用和负载的稳定运行,通常可并联合适的电容器来提高电路的功率因数(工程上,一般由总配电间并联电容器,提高单位电网的功率因数)。

4.功率因数的测量

用功率表测量电路的有功功率时,应注意正确选用功率表的电压、电流和功率量程,正确接线和读数。由于日光灯电路功率因数较低,宜选用低功率因数功率表进行测量。

三、仪器设备

①单相调压器 1 台

②交流电流表 1 只

③万用表 1 只

④单相功率表 1 只

⑤电容(1、10、100、1 000 μF)若干只

⑥日光灯 1 组

⑦开关 2 只

⑧测量电流用插头 1 只

四、实习步骤

1.日光灯的接线实习

1)检查日光灯组件 用万用表欧姆挡检查镇流器、灯管是否开路,启辉器、镇流器是否短路,如有问题,更换不合格的配件。

2)接线 断开调压器的输入电源,按实习图 9-3 日光灯实验电路接线。接线前插上灯管,检查灯座接触是否良好。将调压器手柄置于零位,合上开关 S_1(日光灯启辉电流较大,启辉时用单刀开关将功率表的电流线圈短路,防止仪表损坏),断开电容器支路开关 S_2。

3)试通电 经实习老师检查,确认接线无误后,合上调压器输入电源,转动调压器手轮,逐

步升高输出电压，观察启辉器的启辉和灯管的点亮过程。如出现故障，立刻断电检查。

2. 数据测量

点亮日光灯后，将调压器的输出电压调到日光灯的额定电压 220 V，使日光灯正常工作，断开 S_1，测量电压 U、U_L、U_R，电流 I_L 及功率 P，记入实习表 9-1。测量电流时，先选择好电流量程，用插头接好测量电流。该插头插入相应的插孔，即将电流表串入该支路。

实习图 9-3　日光灯实验电路

3. 功率因数的提高

维持电源电压为 220 V。合上电容支路开关 S_2，按照电容量大小依次更换电容 C，使电路由感性变到容性。每改变电容一次，测出日光灯电路各电压 U、U_L、U_R 和各电流 I_L、I_C、I 及电路的功率 P，记入实习表 9-1。

实习表 9-1

项目	测量数据								计算数据
	U	C	U_L	U_R	I	I_L	I_C	P	$\cos\varphi$
不接电容器									
较小电容、感性									
较大电容、感性									
较大电容、容性									

五、预习要求

①预习日光灯电路的工作原理。

②预习功率表、单相调压器的使用方法。

③列出实习仪器、器材的清单(规格、型号、数量)。

六、问题讨论

①在感性电路中并联电容提高功率因数，是否并联的电容越大越好，根据实习数据说明。

②并联电容提高功率因数后，日光灯灯管支路的电压、电流与功率是否改变？为什么？电路的总电流如何变化？电路的功率有何变化？

③在增加并联电容的过程中，如何判断电路的性质已由电感性转变为电容性？

④当遇到日光灯的启辉器损坏而一时手边又无备用启辉器时，如何点亮日光灯？采用其他方法时要特别注意什么问题？

实习十　室内照明线路的安装

一、实习目的

①了解室内照明线路安装规范。
②学习室内照明线路安装的操作技能。
③提高室内照明线路施工图的读图能力。

二、实习内容

1.简单室内照明配电盘的制作

(1)护套线配线实习

一个开关控制一只白炽灯,一个开关控制一只日光灯,采用护套线配线。要求按定位敷设导线,固定熔断器、开关、灯座、日光灯、插座等。检查线路并通电试验,应符合要求。

(2)单相插座板的制作实习

单相两孔和单相三孔插座各一个,开关(小型断路器)一只,熔断器两只,插座板一块。要求将开关、熔断器、单相插座定位,然后接线。检查线路并通电试验。

2.读图实习

根据电工实习操作台电源布线原理图或选一张照明装置安装接线图,查阅国家电气图形符号、文字符号标准,回答以下问题:

①各照明线路导线的规格;
②各照明灯具的型号规格、安装方式及控制开关的类型;
③各单相插座的类型。

三、预习要求

①预习实习指导书。
②列出实习仪器、器材的清单(规格、型号、数量)

四、问题讨论

①在室内照明线路安装的过程中,应注意哪些环节才能保证安装质量。
②在安装照明灯具时,应怎样操作才能保证安装质量。
③论述在电工实习操作台电源布线原理图中,急停开关如何实现三相断路器的自动掉闸。

实习十一　星形负载的三相电路及功率测量

一、实习目的

①熟悉三相负载作星形联结时的接线方法。
②研究三相对称电路的线电压和相电压、线电流和相电流的关系。

③了解三相四线制电路中中性线的作用。

④学习三相电路有功功率的测量方法。

二、实习原理

1. 星形对称负载

三相对称负载的星形联结图如实习图 11-1 所示。

当电源和负载都对称时,不论采用三相四线制(有中性线)还是三相三线制(无中性线)供电,负载上的线电压 U_L 和相电压 U_P、线电流 I_L 和相电流 I_P 之间的关系如下:

$$U_L = \sqrt{3} U_P$$

$$I_L = l_P$$

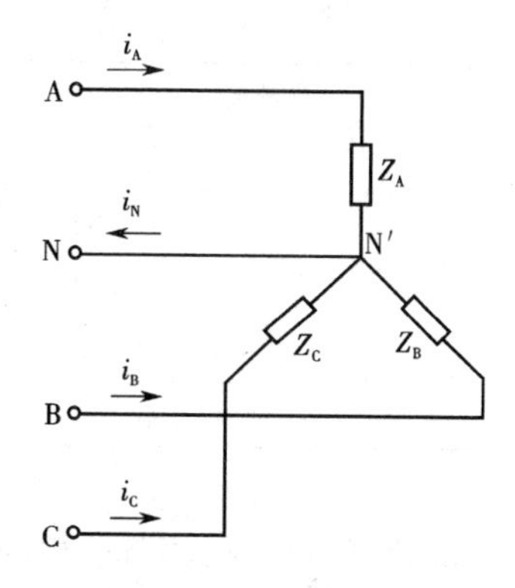

实习图 11-1　三相负载的星形联结图

这时若采用三相四线制供电,因中性线电流为 0,可省去中性线。实习图 11-1 即为星形联结三相电动机电路。

2. 星形不对称负载

当电源对称、负载不对称时,若采用三相四线制供电,此时三相电流不对称,中性线不可省略(如三相照明电路)。当中性线出现故障而开路时,电路为三相三线制供电,负载上的各相负载电压不再相等。这时,电压高的相将使负载过载,电压低的相将使负载无法工作。因此三相不对称负载作星形联结时,必须牢固联结中性线。

本实习用三组相同的白炽灯作为三相负载。由于三相不对称负载作星形联结时,各相负载承受的电压不相等,有的白炽灯上的电压可能超过额定值,因此在实验中,需将三相电源的线电压用三相调压器由 380 V 降为 200 V(或选择对应的额定电压白炽灯)。

3. 三相电路功率的测量

在对称的三相交流电路中,可用一只功率表测出其中一相的功率,再乘以 3 就是三相总功率,称为一表法。

不对称三相交流电路可用一只功率表测三次,然后相加即可。

三、仪器设备

①操控台

②交流电压表(或万用表)1 只

③交流电流表 1 只

④三相调压器 1 只

⑤功率表 1 只

⑥白炽灯箱 1 组

四、实习步骤

①按实习图 11-2 接线,经检查无误后,合上电源开关。合上 S_A、S_B、S_C 开关,测量对称负载及有中性线(S_N 接通) 和无中性线(S_N 断开)时的线电压、线电流、相电压、相电流及中性点间

电压(S_N 断开,无中性线时)和中性线电流(S_N 接通,有中性线时)的值,记入实习表 11-1 中。测量电流时使用测量电流用插头。

②调节三相调压器,使实习电路的线电压为 200 V。不对称负载星形联结图如实习图 11-2 所示,断开 S_A(A 相少一盏白炽灯),测量不对称负载在有中性线和无中性线情况下的各电压及电流值,记入实习表 11-1 中。

实习表 11-1

测量项目		U_{AB}	U_{BC}	U_{CA}	U_A	U_B	U_C	I_A	I_B	I_C	I_{NN}	I_N
单　位												
有中性线	负载对称											
	负载不对称											
无中性线	负载对称											
	负载不对称											

③负载对称时,调节三相调压器,使实习电路的线电压为 380 V,按实习图 11-2 接线。在有中性线时用一表法测三相电路的有功功率值,记入实习表 11-2。在实习图 11-3 中,A 是电压测试表笔,B 是测量电流用插头。实际测量时,将测量电流用插头插入被测电路的测量电流用插孔。电压测试表笔接触至功率表电压线圈“ * ”端子的接线位置。

实习表 11-2

测量项目	P_A(W)	P_B(W)	P_C(W)	计算 $P = P_A + P_B + P_C$
有中性线负载对称				

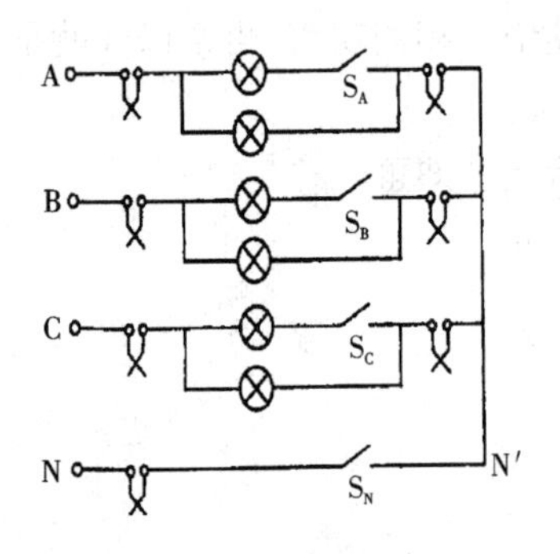

实习图 11-2　负载星形联结的实验电路

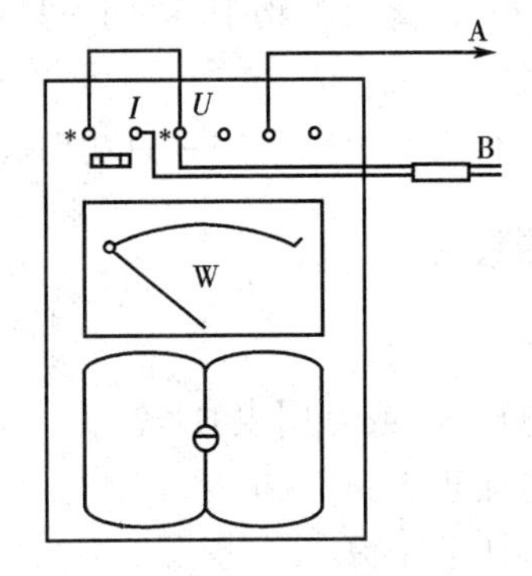

实习图 11-3　用一只功率表完成功率测量的接线

五、预习要求

①预习三相电路的联结方式及电路特点。本实习中,电路换接次数较多,要十分注意接线正确。换接电路时,要先断开电源,同时注意防止被白炽灯烫伤。

②理解星形不对称负载无中性线时,要将电源线电压调节为 200 V,以防止负载相电压超过额定值而损坏的意义。

③实习时根据电路的情况进行估算,以选择适当的仪表量程。

④列出实习仪器、器材的清单(规格、型号、数量)。

六、问题讨论

①为什么在负载不对称星形联结、无中性线时,要将电源线电压由 380 V 降为 200 V。

②本次实习电压较高,应从哪些方面注意安全?

实习十二　三相异步电动机的正反转控制

一、实习目的

①进一步理解接触器、热继电器、按钮及熔断器的结构和作用。

②了解电气控制的主电路和控制电路的工作情况。

③学会连接三相异步电动机正反转控制线路。

④掌握自锁、互锁的概念,学会连接自锁、互锁电路。

二、实习原理

三相异步电动机正反转双重互锁控制线路如实习图 12-1 所示,该电路具有按钮和接触器触头构成的双重电气互锁,大大提高了电路的可靠性。

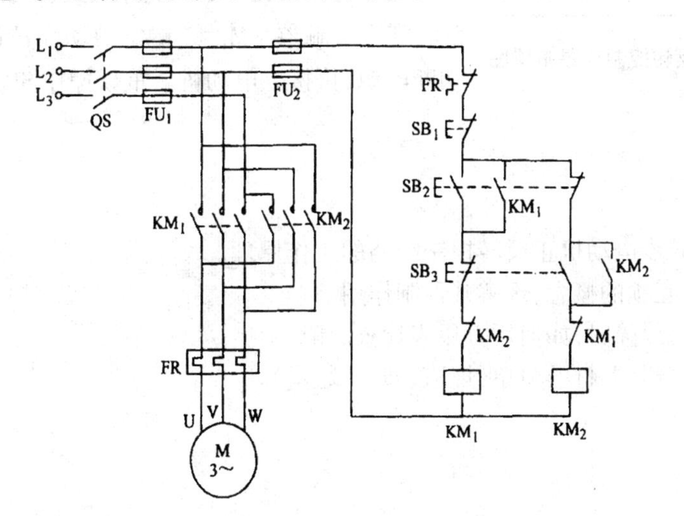

实习图 12-1　正反转控制线路

电动机在正、反转启动按钮 SB_2、SB_3 控制下,可从正转过渡到反转或从反转过渡到正转。这种过渡可以不按停止按钮 SB_1 而直接进行。

三、仪器设备

①三相异步电动机1台
②交流接触器2只
③开关3只
④熔断器5只
⑤按钮3只
⑥接线端子排(XT_1、XT_2)2组
⑦万用表1只
⑧热继电器1只

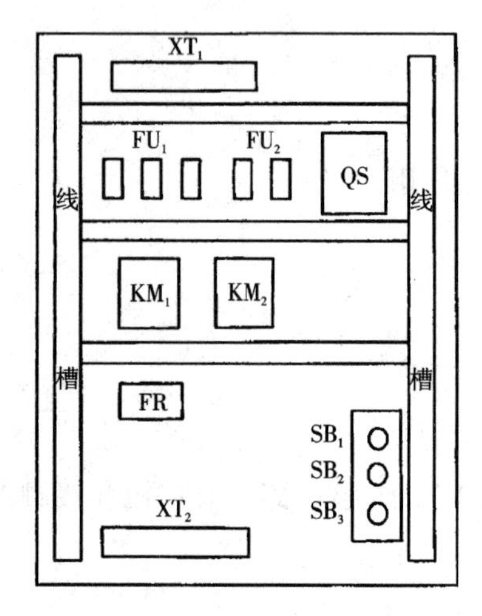

实习图12-2 正反转控制电器布置图

四、实习步骤

①从实习图12-1认识本次实习所用电器设备，按实习图12-2安装各电器元件。

②按实习图12-1正转控制电路和主电路接线，先不连接电动机。检查完毕确定无误进行空载试验。先按SB_2，再按SB_1，观察接触器KM_1的动作情况。如果正常，先切断电源，再接上电动机。重新操作SB_2、SB_1，观察电动机的运转情况。

③按实习图12-1反转控制电路接线，先不连接电动机。检查完毕确定无误后进行空载试验。先按SB_2，再按SB_3，观察接触器KM_1和KM_2的动作情况。如果正常，先切断电源，再接上电动机。重新操作SB_2、SB_3，观察电动机的运转情况。

五、预习要求

①预习三相异步电动机正反转控制线路的工作原理。
②预习自锁、互锁的概念，理解其控制作用。
③当出现电路故障时，如何用万用表检查故障。
④列出实习仪器、器材的清单(规格、型号、数量)。

附　　录

附录 A　电气设备常用基本图形符号(摘自 GB/T 4728—2000)

名　称	新　符　号	旧　符　号
直流	或	
交流		
交直流		
接地一般符号		
无噪声接地（抗干扰接地）		
保护接地		
接机壳或接底板	或	或
等电位		
故障		
闪络、击穿		
导线间绝缘击穿		
导线对机壳绝缘击穿	或	

名　称	新　符　号	旧　符　号
导线对地绝缘击穿		
导线的连接	或	
导线的多线连接	或	或
导线的不连接		
接通的连接片	或	
断开的连接片		
电阻器一般符号	优选形　其他形	
电容器一般符号		
极性电容器		
半导体二极管一般符号		
光电二极管		
电压调整二极管（稳压管）		

续表

名 称	新 符 号	旧 符 号
晶体闸流管（阴极侧受控）	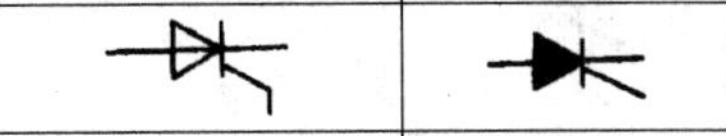	
PNP 型半导体三极管	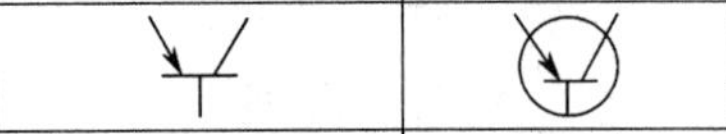	
NPN 型半导体三极管	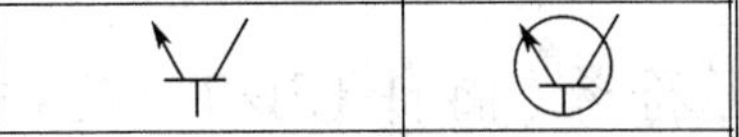	
换向绕组	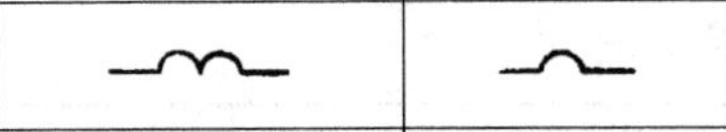	
补偿绕组	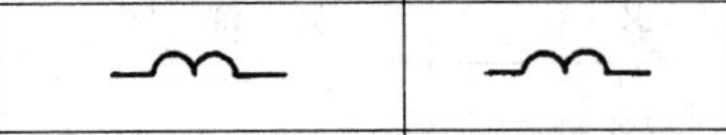	
串励绕组	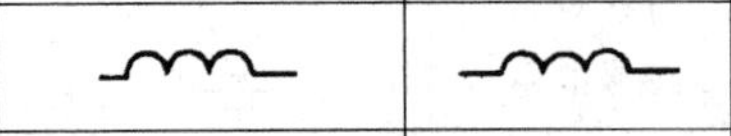	
并励或他励绕组	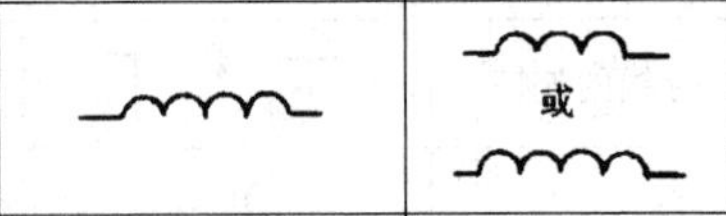	或
发电机	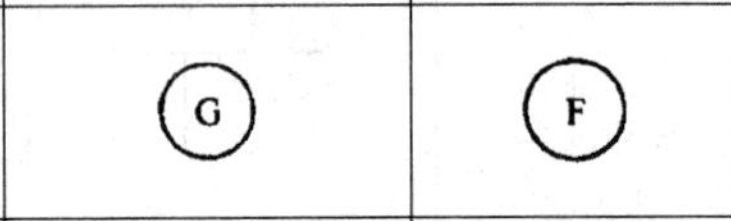 G	F
直流发电机	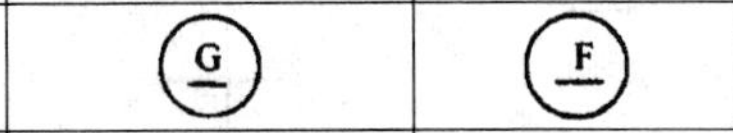 G	F
交流发电机	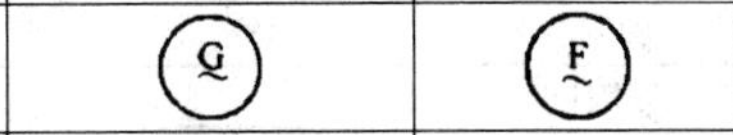 G	F~
电动机	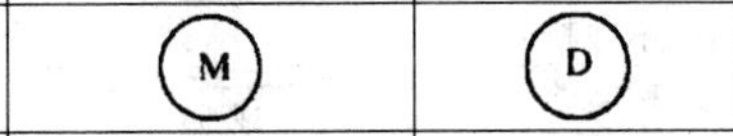 M	D
直流电动机	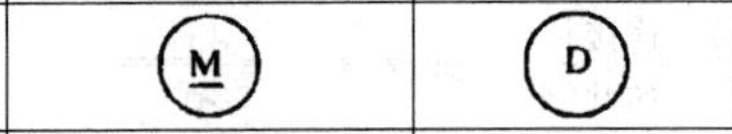 M	D
交流电动机	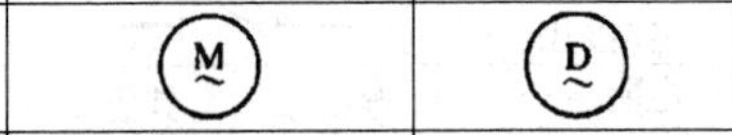 M~	D~
直线电动机	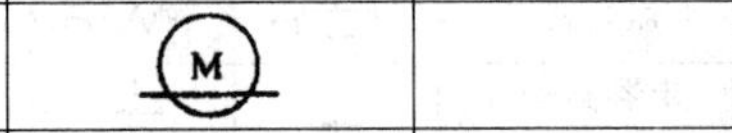 M	
步进电动机	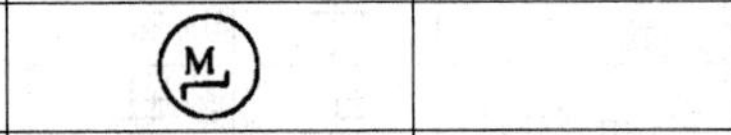 M	
手摇发电机	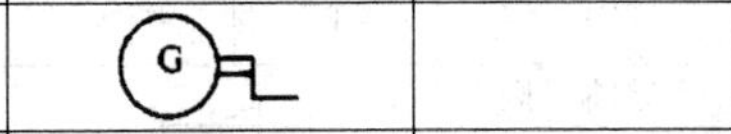 G	
三相笼型异步电动机	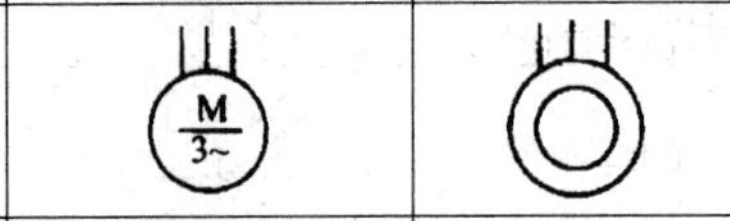 M 3~	
三相绕线转子异步电动机	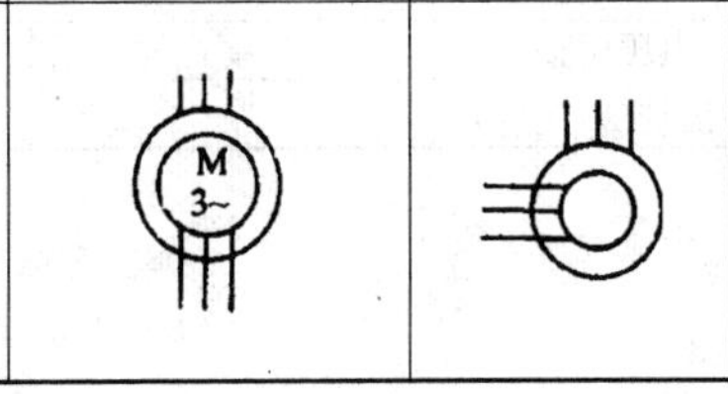 M 3~	

名 称	新 符 号	旧 符 号
串励直流电动机	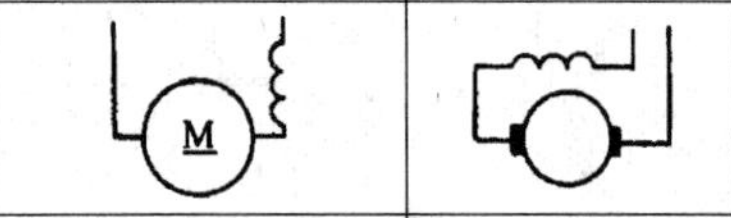 M	
他励直流电动机	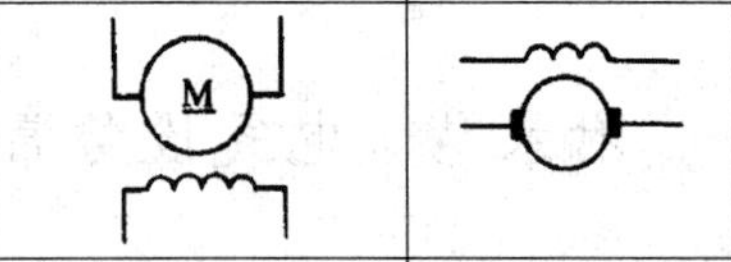 M	
并励直流电动机	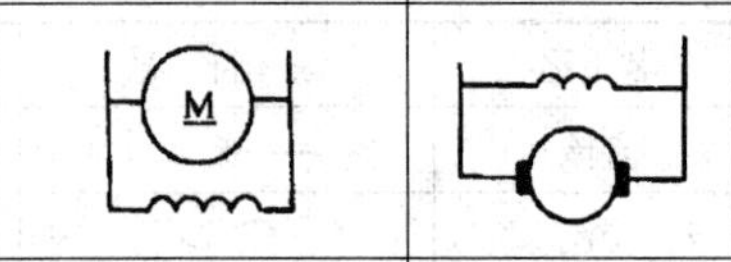 M	
复励直流电动机	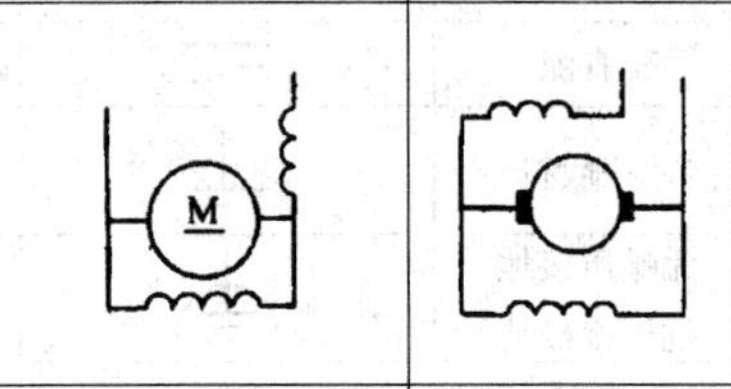 M	
铁芯 带间隙的铁芯	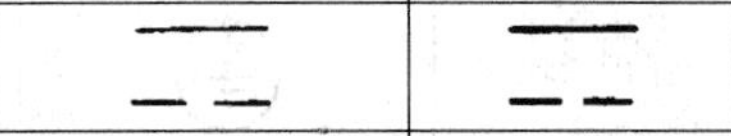	
单相变压器	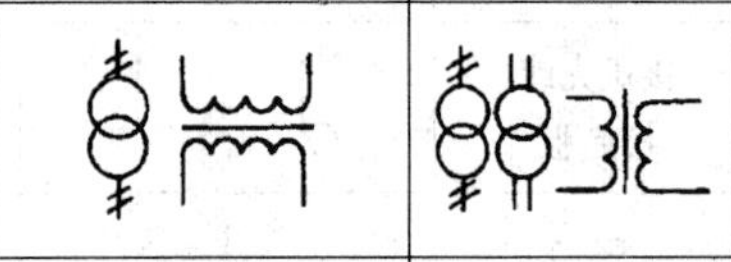	
有中心抽头的单相变压器	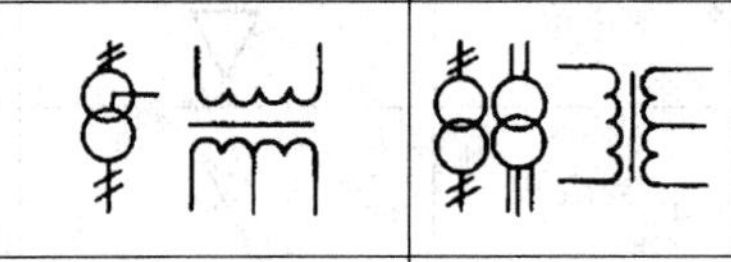	
三相变压器星形有中性点引出线的星形联结	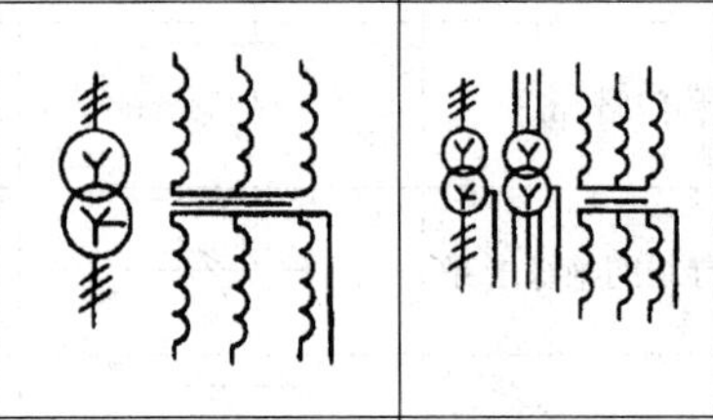	
三相变压器有中性点引出线的星形-三角形联结	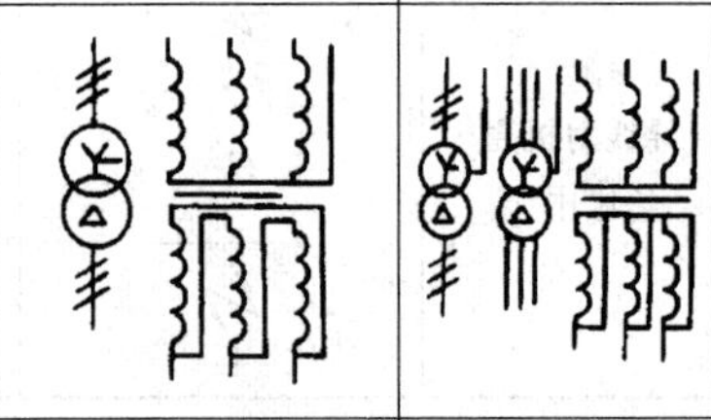	
电流互感器 脉冲变压器	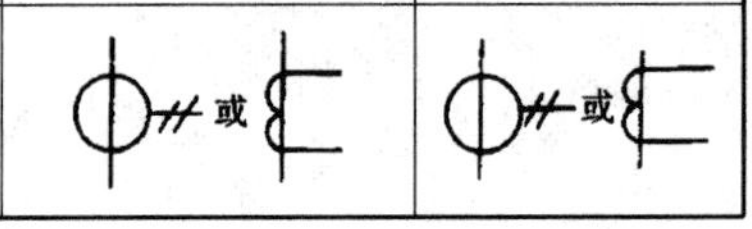 或	或

续表

名　称	新　符　号	旧　符　号
动合(常开)触点	或	
动断(常闭)触点		
先断后合的转换触点		
先合后断的转换触点	或	
中间断开的双向触点		
延时闭合的动合触点	或	或
延时断开的动合触点	或	或
延时闭合的动断触点	或	或
延时断开的动断触点	或	或
延时闭合和延时断开的动合触点		或
延时闭合和延时断开的动断触点		或
带动合触点的按钮		
带动断触点的按钮		
带动合和动断触点的按钮		

名　称	新　符　号	旧　符　号
位置开关的动合触点		或
位置开关的动断触点		或
热断电器的触点		或
接触器的动合触点		
接触器的动断触点		
三极开关	或	或
三极高压断路器		
三极高压隔离开关		
三极高压负荷开关		
继电器线圈	或	
热继电器的驱动器件		
灯		照明灯 信号灯
电抗器	或	

续表

名 称	新 符 号	旧 符 号	名 称	新 符 号	旧 符 号
荧光灯启动器			示波器		
转速继电器	n	$n>$	热电偶	+ 或	- +
压力继电器	p		电喇叭		
温度继电器	θ 或 $t°$	或 $t°>$	扬声器		或
			受话器		或
液位继电器			电铃	优选形 其他形	
火花间隙			蜂鸣器	优选形 其他形	
避雷器			原电池或蓄电池		- + 或
熔断器			等电位		
跌开式熔断器			换向器上的电刷		
			集电环上的电刷		
熔断器式开关			桥式全波整流器	或	或
熔断器式隔离开关					
熔断器式负荷开关					

附录B　电气设备常用基本文字符号和常用辅助文字符号(摘自GB 7159)

名　称	新符号		旧符号	名　称	新符号		旧符号	名　称	新符号		旧符号
	单字母	双字母			单字母	双字母			单字母	双字母	
发电机	G		F	控制开关	S	SA	KK	蓄电池	G	GB	XDC
直流发电机	G	GD	ZF	行程开关	S	ST	CK	光电池	B		GDC
交流发电机	G	GA	JF	限位开关	S	SL	XK	晶体管	V		BG
同步发电机	G	GS	TF	终点开关	S	SE	ZDK	电子管	V	VE	G
异步发电机	G	GA	YF	微动开关	S	SS	WK	调节器	A		T
永磁发电机	G	GM	YCF	脚踏开关	S	SF	TK	放大器	A		FD
水轮发电机	G	GH	SLF	按钮开关	S	SB	AN	晶体管放大器	A	AD	BF
汽轮发电机	G	GT	QLF	接近开关	S	SP	JK	电子管放大器	A	AV	GF
励磁机	G	GE	L	继电器	K		J	磁放大器	A	AM	GF
电动机	M		D	电压继电器	K	KV	YJ	变换器	B		BH
直流电动机	M	MD	ZD	电流继电器	K	KA	LJ	压力变换器	B	BP	YB
交流电动机	M	MA	JD	时间继电器	K	KT	SJ	位置变换器	B	BQ	WZB
同步电动机	M	MS	TD	频率继电器	K	KF	PJ	温度变换器	B	BT	WDB
异步电动机	M	MA	YD	压力继电器	K	KP	YLJ	速度变换器	B	BV	SDB
笼型电动机	M	MC	LD	控制继电器	K	KC	KJ	自整角机	B		ZZJ
绕组	W		Q	信号继电器	K	KS	XJ	测速发电机	B	BR	CSF
电枢绕组	W	WA	SQ	接地继电器	K	KE	JDJ	送话器	B		S
定子绕组	W	WS	DQ	接触器	K	KM	C	受话器	B		SH
转子绕组	W	WR	ZQ	电磁铁	Y	YA	DT	拾声器	B		SS
励磁绕组	W	WE	LQ	制动电磁铁	Y	YB	ZDT	扬声器	B		Y
控制绕组	W	WC	KQ	牵引电磁铁	Y	YT	QYT	耳机	B		EJ
变压器	T		B	起重电磁铁	Y	YL	QZT	天线	W		TX
电力变压器	T	TM	LB	电磁离合器	Y	YC	CLH	接线柱	X		JX
控制变压器	T	TC	KB	电阻器	R		R	连接片	X	XB	LP
升压变压器	T	TU	SB	变阻器	R		R	插头	X	XP	CT
降压变压器	T	TD	JB	电位器	R	RP	W	插座	X	XS	CZ
自耦变压器	T	TA	OB	启动电阻器	R	RS	QR	测量仪表	P		CB
整流变压器	T	TR	ZB	制动电阻器	R	RB	ZDR	高	H	G	G
电炉变压器	T	TF	LB	频敏电阻器	R	RF	PR	低	L	D	D
稳压器	T	TS	WY	附加电阻器	R	RA	FR	升	U	S	S
互感器	T		H	电容器	C		C	降	D	J	J
电流互感器	T	TA	LH	电感器	L		L	主	M	Z	Z
电压互感器	T	TV	YH	电抗器	L	LS	DK	辅	AUX	F	F
整流器	U		ZL	起动电抗器	L		QK	中	M	Z	Z
变流器	U		BL	感应线圈	L		GQ	正	FW	Z	Z
逆变器	U		NB	电线	W		DX	反	R	F	F
变频器	U		BP	电缆	W		DL	红	RD	H	H
断路器	Q	QF	DL	母线	W		M	绿	GN	L	L
隔离开关	Q	QS	GK	避雷器	F		BL	黄	YE	U	U
自动开关	Q	QA	ZK	熔断器	F	FU	RD	常用辅助文字符号			
转换开关	Q	QC	HK	照明灯	E	EL	ZD	白	WH	B	B
刀开关	Q	QK	DK	指示灯	H	HL	SD	蓝	BL	A	A

续表

名　称	新符号		旧符号	名　称	新符号		旧符号	名　称	新符号		旧符号
	单字母	双字母			单字母	双字母			单字母	双字母	
直流	DC	ZL	Z	断开	OFF	DK	D	手动	M、MAN	S	S
交流	AC	JL	J	附加	ADD	F	F				
电压	V	Y	Y	异步	ASY	Y	Y	启动	ST	Q	Q
电流	A	L	L	同步	SYN	T	T	停止	STP	T	T
时间	T	S	S	自动	A、AUT	Z	Z	控制	G	K	K
闭合	ON	BH	B					信号	S	X	X

附录C　部分常用二极管、晶体三极管参数

1.整流二极管

附表 C-1　常用整流二极管的主要参数

新型号	旧型号	最高反向工作电压 U_{RM}(V)	最大整流电流 I_F(mA)	正向电压 U_F(V)	备　注
2CZ82A	2CP10	25	5 ~ 100	≤1.5	2CP 型:为平面结型硅管,截止频率在 50 kHz 以下
2CZ82B	2CP11	50	5 ~ 100		
2CZ82C	2CP12	100	5 ~ 100		
2CZ82D	2CP13	150	5 ~ 100		
2CZ82E	2CP14	200	5 ~ 100		
2CZ82F	2CP15	250	5 ~ 100		
2CZ883B	2CP21A	50	300	≤1	2CP 型:为平面结型硅管,截止频率在 3 kHz 以下
2CZ83C	2CP21	100	300		
2CZ83D	2CP22	200	300		
2CZ83E	2CP23	300	300		
2CZ83F	2CP24	400	300		
2CZ84A	2CP33	25	500		
2CZ84B	2CP33A	50	500		
2CZ84C	2CP33B	100	500		
2CZ84D	2CP33C、D	150	500		
2CZ84E	2CP33E、F	200	500		
2CZ84F	2CP33G、H	250	500		
2CZ11A		100	1 000		2CZ 型:为平面结型硅管,截止频率在 3 kHz 以下
2CZ11B		200	1 000		
2CZ11C		300	1 000		
2CZ53A		25	300		
2CZ53B		50	300		
2CZ53C		100	300		
2CZ54A		25	500		
2CZ54B		50	500		
2CZ54C		100	500		
2CZ56A		25	3 000	≤0.8	
2CZ56B		50	3 000		
2CZ56C		100	3 000		
2CZ57A		25	5 000		
2CZ57B		50	5 000		
2CZ57C		100	5 000		

续表

<table>
<tr><th>新型号</th><th>旧型号</th><th>最高反向工作电压
U_{RM}(V)</th><th>最大整流电流
I_F(mA)</th><th>正向电压
U_F(V)</th><th>备 注</th></tr>
<tr><td>1N4001</td><td></td><td>50</td><td>1 000</td><td rowspan="8">≤1.0</td><td rowspan="11">平面结型硅管</td></tr>
<tr><td>1N4002</td><td></td><td>100</td><td>1 000</td></tr>
<tr><td>1N4003</td><td></td><td>200</td><td>1 000</td></tr>
<tr><td>1N4004</td><td></td><td>400</td><td>1 000</td></tr>
<tr><td>1N4005</td><td></td><td>600</td><td>1 000</td></tr>
<tr><td>1N4006</td><td></td><td>800</td><td>1 000</td></tr>
<tr><td>1N4007</td><td></td><td>1 000</td><td>1 000</td></tr>
<tr><td>1N4007A</td><td></td><td>1 300</td><td>1 000</td></tr>
<tr><td>1N5400</td><td></td><td>50</td><td>3 000</td><td rowspan="3">≤0.95</td></tr>
<tr><td>1N5401</td><td></td><td>100</td><td>3 000</td></tr>
<tr><td>1N5402</td><td></td><td>200</td><td>3 000</td></tr>
</table>

2.稳压二极管

附表 C-2 常用稳压二极管的主要参数

<table>
<tr><th colspan="2" rowspan="2">型 号</th><th rowspan="2">稳定电压
U_Z(V)</th><th rowspan="2">最大稳定电流
I_{ZM}(mA)</th><th rowspan="2">正向电压
U_F(V)</th><th colspan="2">I_Z 值时的动态电阻</th></tr>
<tr><th>I_Z(mA)</th><th>R_Z(Ω)</th></tr>
<tr><td>2CW7</td><td></td><td>2.5~3.5</td><td>71</td><td rowspan="18">≤1</td><td rowspan="8">处于稳压
状态下</td><td>≤80</td></tr>
<tr><td>2CWA7A</td><td></td><td>3.2~4.5</td><td>55</td><td>≤70</td></tr>
<tr><td>2CWB7B</td><td></td><td>4~4.5</td><td>45</td><td>≤50</td></tr>
<tr><td>2CWC7C</td><td></td><td>5~6.5</td><td>38</td><td>≤30</td></tr>
<tr><td>2CWD7D</td><td></td><td>6~7.5</td><td>33</td><td>≤15</td></tr>
<tr><td>2CWE7E</td><td></td><td>7~8.5</td><td>29</td><td>≤15</td></tr>
<tr><td>2CWF7F</td><td></td><td>8~9.5</td><td>26</td><td>≤20</td></tr>
<tr><td>2CWG7G</td><td></td><td>9~10.5</td><td>23</td><td>≤25</td></tr>
<tr><td>2CW51</td><td>IN746
IN4371</td><td>2.5~3.5</td><td>71</td><td rowspan="5">10</td><td>60</td></tr>
<tr><td>2CW52</td><td>IN747-9</td><td>3.2~4.5</td><td>55</td><td>70</td></tr>
<tr><td>2CW53</td><td>IN750-1</td><td>4~5.8</td><td>41</td><td>50</td></tr>
<tr><td>2CW54</td><td>IN752-3</td><td>5.5~6.5</td><td>38</td><td>30</td></tr>
<tr><td>2CW55</td><td>IN754</td><td>6.2~7.5</td><td>33</td><td>15</td></tr>
<tr><td>2CW56</td><td></td><td>7~7.8</td><td>27</td><td rowspan="3">5</td><td>≤15</td></tr>
<tr><td>2CW57</td><td></td><td>8.5~9.5</td><td>26</td><td>≤20</td></tr>
<tr><td>2CW58</td><td></td><td>9.2~10.5</td><td>23</td><td>≤25</td></tr>
<tr><td>2CW130</td><td></td><td>3~4.5</td><td>660</td><td rowspan="2">100</td><td>≤20</td></tr>
<tr><td>2CW131</td><td></td><td>4~5.8</td><td>500</td><td>≤15</td></tr>
</table>

3. 小功率晶体管

附表 C-3　常用小功率晶体管的主要参数

型　号			极限参数			直流参数		
新型号	旧型号	类型	$U_{(BR)CEO}$ (V)	I_{CM} (mA)	P_{CM} (mW)	I_{CBO} (μA)	I_{CEO} (mA)	h_{FE}
3AX31A	3AX71A	PNP	≥12	125	125	≤20	≤1	30～200
3AX31B	3AX71B		≥18	125	125	≤10	≤0.75	50～150
3AX31C	3AX71C		≥25	125	125	≤6	≤0.5	50～150
3AX31D	3AX71D		≥12	30	100	≤12	≤0.75	30～150
3AX31E	3AX71E		≥12	30	100	≤12	≤0.5	20～85
3AX31F			≥12	30	125	≤12	≤0.6	
3AX31M			≥6	125	125	≤25	≤1	80～400
3AX55A	3AX61		≥20	500	500	≤80	≤1.2	30～120
3AX55B	3AX62		≥30					
3AX55C	3AX63		≥45					
3AX55M			≥12					
3AX81A			≥10	200	200	≤30	≤1	
3AX81B			≥15			≤15	≤0.7	
3AX85A			≥12	300	500	≤50	≤1.2	40～180
3AX85B			≥18			≤50	≤0.9	40～180
3AX85C			≥24			≤50	≤0.7	40～180
3CX200A.B			A≥12 B≥18	300	300	≤1	≤0.002	55～400
3CX201A.B								
3CX202A.B								
3CX203A.B			A≥15 B≥25	700	700	≤5	≤0.02	
3CX204A.B								

参考文献

[1] 李怀甫. 电工电子技术基础(实验与实训)[M]. 北京:机械工业出版社.2005.
[2] 刘晨号. 电工仪表与测量[M]. 北京:机械工业出版社.2004.
[3] 朱鹏超. 机械设备电气控制与维修[M]. 北京:机械工业出版社.2001.
[4] 董桂桥. 电力拖动控制与技能训练[M]. 北京:机械工业出版社.2005.